AF368907

---

# MÉCANIQUE MOLÉCULAIRE

### DES

# MILIEUX SOLIDES

### HOMOGÈNES OU CRISTALLISÉS

### DE FORME QUELCONQUE.

10593    Paris — Imprimerie de GAUTHIER-VILLARS, quai des Augustins, 55.

# MÉCANIQUE MOLÉCULAIRE

## DES

# MILIEUX SOLIDES

### HOMOGÈNES OU CRISTALLISÉS

## DE FORME QUELCONQUE,

### Par M. GROS DE PERRODIL,

Ingénieur en Chef des Ponts et Chaussées, à Paris.

# PARIS,

## GAUTHIER-VILLARS, IMPRIMEUR-LIBRAIRE

### DU BUREAU DES LONGITUDES, DE L'ÉCOLE POLYTECHNIQUE,

### SUCCESSEUR DE MALLET-BACHELIER,

Quai des Augustins, 55.

## 1885

# AVERTISSEMENT.

Le travail que nous publions aujourd'hui est la suite de celui qui a paru en 1879, à la même librairie, sous le titre général de MÉCANIQUE APPLIQUÉE et sous le titre particulier de *Résistance des voûtes et arcs métalliques employés dans la construction des ponts.*

L'hypothèse de l'invariabilité des sections normales, qui fait de toutes les inconnues du problème des fonctions d'une seule variable indépendante, disparaît ici pour laisser aux questions de la résistance des solides toute leur généralité. Les applications que nous avons faites à quelques cas particuliers simples indiquent comment on peut obtenir, par l'expérience, dans chaque cas, les valeurs numériques des coefficients, E ou G, d'élasticité longitudinale et de torsion et contrôler ainsi les résultats de l'analyse.

L'Ouvrage entier de MÉCANIQUE APPLIQUÉE que nous avons entrepris comprendra encore : un travail sur la *Mé-*

*canique des systèmes réticulés,* c'est-à-dire des ouvrages composés d'un réseau de barres, tels que les poutres à treillis, les fermes de combles, les charpentes de portes d'écluse, etc., et un quatrième et dernier travail sur la *Mécanique moléculaire des liquides* (Hydrodynamique).

# MÉCANIQUE MOLÉCULAIRE

DES

# MILIEUX SOLIDES

HOMOGÈNES OU CRISTALLISÉS

DE FORME QUELCONQUE.

## CHAPITRE VII.

### ÉQUATIONS DE L'ÉQUILIBRE MOLÉCULAIRE STATIQUE ET DYNAMIQUE DES MILIEUX SOLIDES HOMOGÈNES.

## ARTICLE I.

### DÉFINITION DE L'ACTION D'UN RAYON DANS UN MILIEU SOLIDE ÉLASTIQUE.

**71.** Soit M (*fig.* 1) un point pris dans l'intérieur d'un milieu solide dont les forces extérieures ont déplacé les molécules des positions d'équilibre qu'elles occupaient sous l'action des forces contraires de la cohésion et du calorique. Nous appellerons *action d'un rayon* MA, en ce point, la pression ou traction qu'éprouve un élément plan normal à ce rayon ayant son centre en ce point divisée par l'aire $\omega$ de cet élément. C'est une quantité d'une espèce particulière analogue à la pression dans les liquides et qui

1

se mesure, comme elle, par le rapport de deux nombres dont l'un est une force et l'autre une surface.

Le plan de $\omega$ dont il s'agit peut être considéré comme le plan tangent au point M d'une surface S, partageant le milieu solide en deux parties A et B. Ces deux parties, constituant deux groupes de molécules terminés par deux surfaces identiques à la surface S, sont juxtaposées au point M suivant $\omega$, qui peut être considéré comme appartenant, soit au solide A, soit au solide B. Il en résulte deux actions appliquées à l'élément $\omega$ qui sont évidemment égales et contraires. La direction de l'action d'un rayon

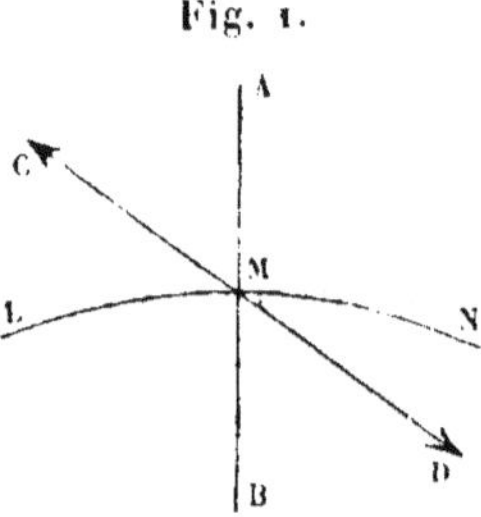

Fig. 1.

est généralement différente de celle de ce rayon. Soient AB la normale à l'élément plan $\omega$ commun à la surface S (supposée coupée suivant la courbe LMN par le plan de la figure) et à son plan tangent T en M; CD la direction commune des deux actions égales et contraires appliquées à cet élément; si celle qui est appliquée au solide A est dirigée suivant MC, elle tend à faire pénétrer dans l'intérieur de ce solide celles de ses molécules qui sont voisines de l'élément $\omega$. On dit alors qu'il existe une pression au point M suivant le plan T. Dans ce même cas, l'action appliquée au solide B, égale à la précédente, est dirigée suivant MD et tend aussi à refouler dans son intérieur les molécules voisines de $\omega$.

Si l'action de ω appliquée au solide A était dirigée suivant MD, MC représenterait l'action contraire appliquée à B et les molécules voisines de ω appartenant à chacun de ces solides tendraient à en sortir. On dit alors qu'il existe une traction au point M suivant le plan T. Enfin, si la droite CD était située dans le plan T lui-même, il n'y aurait ni pression ni traction au point M, mais bien un effort tangentiel ou de glissement suivant le plan T.

**72.** Si l'on rapporte les points du solide donné à trois axes rectangulaires, l'orientation d'un plan T passant par le point M sera donnée par les cosinus $a$, $b$, $c$ des angles que sa normale fait avec les axes coordonnés. Ces cosinus peuvent être pris avec leurs signes ou avec des signes contraires, sans que la position du plan T soit changée. Les uns correspondent au rayon MA (*fig.* 1), par exemple, et les autres au rayon MB. Les plans normaux à ces deux rayons sont un seul et même plan T.

Mais, au lieu de prendre indifféremment pour $a$. $b$, $c$ les cosinus de MA ou MB, je prendrai ceux de MA pour caractériser le plan de l'élément ω lorsqu'il appartient au solide A et ceux de MB dans le cas contraire.

Deux rayons diamétralement opposés font le même angle avec leurs actions; celles-ci sont égales et directement opposées. On reconnaît qu'il y a pression, traction ou effort de glissement au point M sur le plan T, suivant que l'angle de l'un quelconque des deux rayons MA, MB et de son action est aigu, obtus ou droit.

Si le solide B n'existait pas, l'élément ω appartiendrait à la surface extérieure du solide A; dans ce cas, l'action du rayon extérieur MB serait appliquée à l'extérieur du milieu solide, sa valeur étant égale et contraire à celle qui provient de cet extérieur, c'est-à-dire des corps étrangers à ce milieu.

En résumé, l'expression *action d'un rayon* MA est une idée complexe qui comprend :

1° La position d'un point M d'un milieu solide déterminé par ses trois coordonnées $x, y, z$ ;

2° L'orientation d'un élément plan $\omega$ en ce point, déterminé sans ambiguïté par les cosinus $a, b, c$ d'un rayon MA partant du point M et normal à $\omega$ ;

3° L'intensité et la direction de l'action de l'élément $\omega$, déterminées par les trois projections de cette force considérée comme appliquée à la partie du milieu solide située du même côté de $\omega$ que le rayon MA. Ces projections étant des forces infiniment petites proportionnelles à $\omega$, on les remplace par les rapports ou quotients X, Y, Z, obtenus en les divisant par l'aire $\omega$.

Ainsi, lorsqu'on rencontrera par la suite l'expression *action du rayon* MA, il faudra se représenter les neuf quantités $x, y, z, a, b, c$, X, Y, Z avec leur signification précédente.

## ARTICLE II.

ACTION D'UN RAYON QUELCONQUE EN FONCTION DE CELLES DE TROIS RAYONS RECTANGULAIRES. — ELLIPSOÏDE INDICATEUR.

73. Le milieu solide étant rapporté à trois axes coordonnés rectangulaires, menons par un point intérieur M trois rayons $Mx$, $My$, $Mz$, parallèles à ces axes (*fig.* 2).
Soient

X, Y, Z les composantes de l'action du rayon $Mx$ ;
X', Y', Z', X'', Y'', Z'' celles des rayons $My$, $Mz$ ;
$a, b, c$ les cosinus d'un rayon quelconque MA ;
$X_0, Y_0, Z_0$ les composantes de son action.

Je dis que ces trois dernières quantités seront données

par les équations suivantes :

$$(1)\quad\begin{cases} X_0 = a\,X + b\,X' + c\,X'', \\ Y_0 = a\,Y + b\,Y' + c\,Y'', \\ Z_0 = a\,Z + b\,Z' + c\,Z''. \end{cases}$$

En effet, menons par le point A, extrémité de la distance infiniment petite MA, et normalement à cette droite un plan dont les intersections avec les parallèles aux axes seront, par exemple, les points D, B et C. L'action de ce plan ne différera de celle du plan parallèle passant par M que d'une quantité infiniment petite.

Fig. 2.

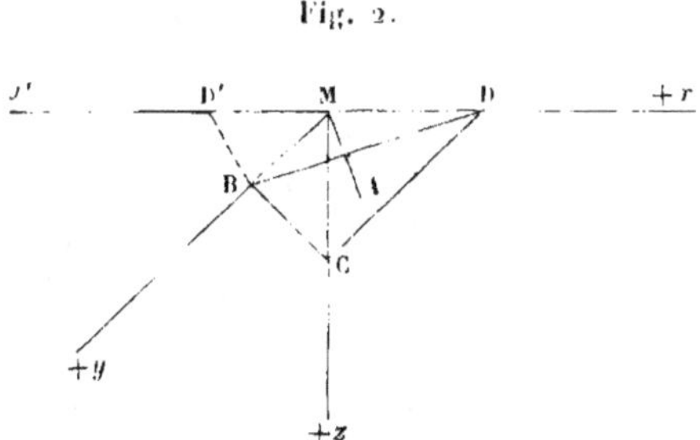


Le tétraèdre MABC est en équilibre sous l'action :

1° De ses quatre faces ;

2° Des forces moléculaires intérieures égales deux à deux et de signes contraires, et

3° Des forces extérieures, telles que la pesanteur.

Les sommes des composantes de ces forces, parallèlement à chacun des axes coordonnés, doivent être nulles séparément.

La position que j'ai choisie pour le rayon MA et, par suite, pour la face BCD, qui lui est normale, correspond à une valeur positive du cosinus $a$, en sorte que le tétraèdre appartient au demi-milieu placé à droite du plan M$yz$.

D'après la signification des composantes $X$, $Y$, $Z$, relatives au rayon $Mx$, l'action de l'élément $\omega$, aire de la face MBC appliquée à ce demi-milieu, a pour composantes $+\omega X$, $+\omega Y$, $+\omega Z$.

Je représente par $\sigma$ l'aire du triangle BCD. L'aire de MBC sera $a\sigma$ et, en remplaçant $\omega$ par $a\sigma$, les composantes de l'action de la face MBC, appliquée au demi-milieu $Mx$ et, par conséquent, au tétraèdre, seront $+a\sigma X$, $+a\sigma Y$, $+a\sigma Z$. Si le rayon MA avait été mené dans l'angle trièdre $x'y z$, le tétraèdre serait devenu MBCD', par exemple. Il serait placé dans le demi-milieu de gauche.

Les composantes de l'action de MBC sur le tétraèdre seraient donc $-\omega X$, $-\omega Y$, $-\omega Z$; or $\omega$ est une quantité essentiellement positive, et, si l'on veut la remplacer par sa valeur exprimée en fonction de $\sigma$ et du cosinus de MA avec $Mx$, il faut écrire $\omega = -a\sigma$, car $\sigma$ est essentiellement positif et $a$ est négatif dans l'hypothèse actuelle, où le rayon MA est dans le demi-milieu de gauche. Remplaçant donc $\omega$ par $-a\sigma$ dans les produits négatifs qui précèdent, ils deviennent $+a\sigma X$, $+a\sigma Y$, $+a\sigma Z$. Ainsi ces derniers produits représentent, quel que soit le signe de $a$, les composantes de l'action de la face du tétraèdre située dans le plan $yz$, considérée comme appliquée à ce polyèdre. On trouverait de même, pour les composantes relatives aux plans $xz$ et $xy$, les produits $b\sigma X'$, $b\sigma Y'$, $b\sigma Z'$ et $c\sigma X''$, $c\sigma Y''$, $c\sigma Z''$. $X_0$, $Y_0$, $Z_0$ sont les composantes de l'action du rayon MA appliquée à la partie du milieu solide située en avant de la face BCD, le tétraèdre étant placé du côté opposé, l'action qui lui est appliquée a pour composantes $-\sigma X_0$, $-\sigma Y_0$, $-\sigma Z_0$.

Les forces intérieures du tétraèdre se détruisent comme égales deux à deux et de signes contraires. Quant à la pesanteur et aux forces analogues, leur effet est un infini-

ment petit du troisième ordre, puisqu'il est le produit
d'une quantité finie par le volume du tétraèdre. Or les
composantes qui précèdent sont des infiniment petits du
second ordre, comme l'aire $\sigma$ elle-même; et, à côté d'elles,
les quantités du troisième ordre sont nulles.

En formant les trois sommes de composantes suivant les
trois axes, isolant dans un seul membre les termes en $X_0$,
$Y_0$, $Z_0$ et supprimant le facteur commun $\sigma$, on obtient les
équations (1), qu'il s'agissait de démontrer.

74. Par le point M pris dans le milieu solide, menons
trois parallèles aux axes coordonnés; prenons sur ces parallèles trois longueurs MA, MB, MC, égales aux trois
quantités infiniment petites $dx$, $dy$, $dz$, prises arbitrairement, et achevons le parallélépipède rectangle construit
sur ces trois arêtes.

Fig. 3.

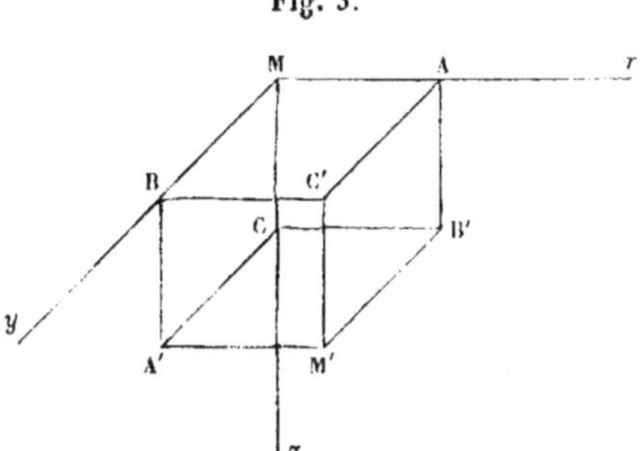


Cherchons les six équations d'équilibre auxquelles satisfont les forces appliquées à ce parallélépipède.

Les composantes de l'action de la face MA' appliquée au
demi-milieu M$x$ et, par conséquent, au parallélépipède
sont

$$X\,dy\,dz, \quad Y\,dy\,dz, \quad Z\,dy\,dz.$$

Les composantes de l'action de la face AM' sur le demi-milieu $Ax$ sont

$$\left(X - \frac{dX}{dx}\,dx\right)dy\,dz, \quad \left(Y - \frac{dY}{dx}\,dx\right)dy\,dz, \quad \left(Z - \frac{dZ}{dx}\,dx\right)dy\,dz;$$

le parallélépipède étant situé dans l'autre demi-milieu, les composantes de l'action de la face $AM'$ qui lui est appliquée sont égales aux expressions précédentes changées de signe.

Les sommes algébriques des composantes des deux faces parallèles $MA'$ et $M'A$ suivant les trois axes seront donc

$$- \frac{dX}{dx}\,\omega, \quad - \frac{dY}{dx}\,\omega, \quad - \frac{dZ}{dx}\,\omega,$$

$\omega$ désignant le volume $dx\,dy\,dz$ du parallélépipède.

Les deux faces $MB'$, $M'B$ donneront les trois sommes

$$- \frac{dX'}{dy}\,\omega, \quad - \frac{dY'}{dy}\,\omega, \quad - \frac{dZ'}{dy}\,\omega$$

et les deux faces $CM'$, $MC'$

$$- \frac{dX''}{dz}\,\omega, \quad - \frac{dY''}{dz}\,\omega, \quad - \frac{dZ''}{dz}\,\omega.$$

Soient $X_e$, $Y_e$, $Z_e$ les composantes de l'accélération qu'imprimeraient les forces extérieures au parallélépipède libre; la masse de l'unité de volume du milieu solide étant $\rho$, la masse du parallélépipède sera $\rho\omega$ et les composantes de la force qui le sollicite en vertu d'actions extérieures seront

$$\rho X_e\omega, \quad \rho Y_e\omega, \quad \rho Z_e\omega.$$

Ces composantes sont du même ordre d'infiniment petits que les sommes ci-dessus, qui sont du troisième, quoiqu'elles proviennent de l'addition de quantités du second. Il en résulte que l'équilibre du parallélépipède n'est pas, comme celui du tétraèdre, indépendant de l'action des forces extérieures. En faisant la somme algébrique des composantes parallèles aux trois axes et supprimant le facteur commun $\omega$, on obtient les équations suivantes :

$$(2) \quad \begin{cases} \dfrac{dX}{dx} + \dfrac{dX'}{dy} + \dfrac{dX''}{dz} - \rho X_c = 0, \\[2mm] \dfrac{dY}{dx} + \dfrac{dY'}{dy} + \dfrac{dY''}{dz} - \rho Y_c = 0, \\[2mm] \dfrac{dZ}{dx} + \dfrac{dZ'}{dy} + \dfrac{dZ''}{dz} - \rho Z_c = 0. \end{cases}$$

**75.** Pour obtenir les trois équations d'équilibre des forces circulaires (moments), décomposons l'action de la face M'A en deux autres, une égale et contraire à celle de la face MA' et une autre qui sera infiniment petite par rapport à la première. La première, appliquée au centre de la face M'A, constitue avec l'action appliquée au centre de MA' un couple ou force circulaire qui peut être transportée parallèlement à elle-même sur le bras de levier MA et dont la force droite appliquée en A a pour composantes

$$- X \, dy \, dz, \quad - Y \, dy \, dz, \quad - Z \, dy \, dz.$$

On sait que, $x$, $y$, $z$ étant les coordonnées d'une extrémité A du bras de levier oblique d'une force circulaire, quand l'autre extrémité est placée à l'origine ; X, Y, Z les composantes de la force droite appliquée à l'extrémité A ; les trois composantes L, M, N de cette force circulaire sont données par les formules

$$L = Yz - Zy,$$
$$M = Zx - Xz,$$
$$N = Xy - Yx.$$

Ici les coordonnées $x$, $y$, $z$ sont $dx$, $0$, $0$.

Les trois composantes circulaires sont donc

$$\text{comp. L} = 0,$$
$$\text{comp. M} = -\, Z\, dx\, dy\, dz,$$
$$\text{comp. N} = +\, Y\, dx\, dy\, dz.$$

Les actions des faces MB$'$ et BM$'$ constituent de même une force circulaire dont les six éléments sont

$$\text{él. } x = 0, \qquad \text{él. } y = dy, \qquad \text{él. } z = 0.$$
$$\text{él. X} = -\, X'\, dx\, dz, \quad \text{él. Y} = -\, Y'\, dx\, dz, \quad \text{él. Z} = -\, Z'\, dx\, dz$$

Les trois composantes L, M, N sont donc

$$\text{comp. L} = +\, Z'\, dx\, dy\, dz,$$
$$\text{comp. M} = 0,$$
$$\text{comp. N} = -\, X'\, dx\, dy\, dz.$$

Les actions des faces MC$'$ et CM$'$ produisent une force circulaire dont les six éléments sont

$$\text{él. } x = 0, \qquad \text{él. } y = 0, \qquad \text{él. } z = dz,$$
$$\text{él. X} = -\, X''\, dx\, dy, \quad \text{él. Y} = -\, Y''\, dx\, dy, \quad \text{él. Z} = -\, Z''\, dx\, dy$$

et dont les trois composantes L, M, N sont, par conséquent,

$$\text{comp. L} = -\, Y''\, dx\, dy\, dz,$$
$$\text{comp. M} = +\, X''\, dx\, dy\, dz,$$
$$\text{comp. N} = 0.$$

Les composantes des forces circulaires provenant de la seconde partie de l'action de la face M$'$A, infiniment petite par rapport à la première, sont des infiniment petits du quatrième ordre. Il en est de même des composantes analogues pour les autres faces, ainsi que de celles qui proviennent des forces extérieures. Ces composantes sont donc nulles, et, si l'on fait la somme des autres suivant les trois axes, on obtient, en supprimant partout le produit

$dx\,dy\,dz$, les trois équations suivantes :

$$(3) \qquad \left\{ \begin{array}{l} -\,Y'' + Z' = 0, \\ -\,Z\ + X'' = 0, \\ -\,X' + Y\ = 0. \end{array} \right.$$

La première équation démontre que l'action du plan normal à l'axe $z$, projetée sur l'axe $y$, est égale à l'action du plan normal à l'axe $y$ projetée sur l'axe $z$. Nous désignerons ces deux composantes égales par B. En vertu de la seconde équation, l'action du plan normal à $x$ projetée sur $z$ est égale à l'action du plan normal à $z$ projetée sur $x$. Nous désignerons par B′ la valeur commune de ces deux projections. Enfin la troisième équation montre que l'action du plan normal à $y$ projetée sur $x$ est égale à l'action du plan normal à $x$ projetée sur $y$. Nous désignerons par B″ la valeur commune de ces deux projections. Les composantes B, B′, B″ sont toutes situées dans le plan tangent dont l'action leur donne naissance; aussi les appelle-t-on tangentielles. Les trois autres composantes des actions des trois plans parallèles aux plans coordonnés sont X, Y′, Z″; elles sont normales aux plans dont l'action leur donne naissance et s'appellent, pour ce motif, *composantes normales*. Nous les désignerons par A, A′, A″.

Avec ces nouvelles désignations, les équations (1) du n° 73 deviennent, en supprimant l'indice o, qui n'est plus nécessaire pour distinguer les composantes du plan $(a, b, c)$,

$$(4) \qquad \left\{ \begin{array}{l} X = a\,A + b\,B'' + c\,B', \\ Y = a\,B'' + b\,A' + c\,B, \\ Z = a\,B' + b\,B\ + c\,A''. \end{array} \right.$$

Les trois composantes A, B″, B′ étant les projections de l'action du plan normal à $x$ sur les trois axes coordonnés, le second membre de la première équation est la projection de cette action sur le rayon $(a, b, c)$, dont l'action, projetée sur l'axe des $x$, est égale à X. Ainsi, la réciprocité que nous avons remarquée plus haut en ce qui concerne les actions de deux plans perpendiculaires entre eux existe également lorsque les plans forment un angle quelconque.

Elle peut s'énoncer d'une manière générale comme il suit :

Étant donnés deux plans par leurs rayons P et Q partant d'un même point M d'un milieu solide, l'action du rayon P projetée sur Q est égale à l'action du rayon Q projetée sur P.

**76.** Les équations (2) du n° 74 deviennent, en vertu des notations précédentes et en employant l'indice o à la place de l'indice $e$,

$$(5) \qquad
\begin{cases}
\dfrac{dA}{dx} + \dfrac{dB''}{dy} + \dfrac{dB'}{dz} - \rho X_0 = 0. \\[2mm]
\dfrac{dB''}{dx} + \dfrac{dA'}{dy} + \dfrac{dB}{dz} - \rho Y_0 = 0, \\[2mm]
\dfrac{dB'}{dx} + \dfrac{dB}{dy} + \dfrac{dA''}{dz} - \rho Z_0 = 0.
\end{cases}$$

Lamé, dans son Ouvrage : *Théorie mathématique de l'élasticité* (2ᵉ édition, p. 21), a déduit des équations (4) et (5) les six équations de l'équilibre d'une portion quelconque finie du milieu solide; or ces six équations, qui expriment que les trois projections de la résultante des forces droites sont nulles, et qu'il en est de même pour la résultante des forces circulaires, pouvaient s'écrire immédiatement, en remarquant que les forces élastiques intérieures disparaissent comme égales deux à deux et de signes contraires et que le système de forces se réduit aux forces élastiques X, Y, Z à la surface et aux forces extérieures $X_0$, $Y_0$, $Z_0$ analogues à la pesanteur.

L'action du plan $(a, b, c)$ étant représentée par une droite parallèle à sa direction, menée par l'origine des coordonnées transportée au point M, les quantités X, Y, Z sont les coordonnées de l'extrémité de cette droite, et il est facile de voir que le lieu géométrique de ces extrémités est la surface d'un ellipsoïde; car, si l'on élimine $a$, $b$, $c$ entre les équations (4) et l'équation $a^2 + b^2 + c^2 = 1$, on obtiendra une équation du second degré entre X, Y et Z, et comme, d'après la forme des équations (4), ces coordonnées restent finies, la surface représentée par cette équation ne peut être que celle d'un ellipsoïde.

Voici, du reste, l'élimination de $a$, $b$, $c$ entre les formules (4) et l'équation $a^2 + b^2 + c^2 = 1$, qui conduit à l'équation de l'ellipsoïde rapporté à trois rayons rectangulaires quelconques dont les actions F, F', F″ ont pour composantes A, B″, B'; B″, A', B; B', B, A″.

Je multiplie les formules (4) chacune par B, B', B″, d'où

$$a\,AB - b\,BB'' - c\,BB' = BX,$$
$$a\,B'B'' + b\,A'B' + c\,BB' = B'Y.$$
$$a\,B'B'' - b\,BB'' - c\,A''B'' = B''Z.$$

Je retranche la seconde de la première, puis la troisième de la première, d'où

$$(AB - B'B'')a - (A'B' - BB'')b = BX - B'Y.$$
$$(AB - B'B'')a - (A''B'' - BB')c = BX - B''Z.$$

Je pose

$$A - \frac{B'B''}{B} = \alpha, \quad A' - \frac{BB''}{B'} = \beta, \quad A'' - \frac{BB'}{B''} = \gamma;$$

d'où

$$B\,a\alpha - B'\,b\beta = BX - B'Y.$$
$$B\,a\alpha - B''\,c\gamma = BX - B''Z.$$

Je tire de ces deux équations les valeurs de $b$ et $c$; d'où

$$b = \frac{a\alpha - X}{\beta}\frac{B}{B'} + \frac{Y}{\beta}, \quad c = \frac{a\alpha - X}{\gamma}\frac{B}{B''} + \frac{Z}{\gamma}.$$

Je les porte dans la première formule (4), d'où

$$A a + \frac{a\alpha - X}{\beta}\frac{BB''}{B'} + \frac{B''Y}{\beta} + \frac{a\alpha - X}{\gamma}\frac{BB'}{B''} + \frac{B'Z}{\gamma} = X.$$

Je fais passer les termes indépendants de $a$ dans le second membre, d'où

$$\left( A + \frac{BB'B''}{B'^2\beta}\alpha + \frac{BB'B''}{B''^2\gamma}\alpha \right) a$$
$$= \left( \frac{BB'B''}{B'^2\beta} + \frac{BB'B''}{B''^2\gamma} + 1 \right) X - B'B'' \left( \frac{Y}{B'\beta} + \frac{Z}{B''\gamma} \right).$$

Je pose

$$\frac{1}{B^2\alpha} + \frac{1}{B'^2\beta} + \frac{1}{B''^2\gamma} + \frac{1}{BB'B''} = \frac{1}{r^3}$$

et

$$\frac{X}{B\alpha} + \frac{Y}{B'\beta} + \frac{Z}{B''\gamma} = \frac{1}{\rho};$$

d'où, en divisant par $BB'B''$,

$$\left[ \frac{A}{BB'B''} + \alpha \left( \frac{1}{r^3} - \frac{1}{B^2\alpha} - \frac{1}{BB'B''} \right) \right] a$$
$$= \left( \frac{1}{r^3} - \frac{1}{B^2\alpha} \right) X - \frac{1}{B} \left( \frac{1}{\rho} - \frac{X}{B\alpha} \right).$$

Par suite de $\alpha = A - \frac{B'B''}{B}$, on a

$$\frac{A}{BB'B''} - \frac{\alpha}{B^2\alpha} - \frac{\alpha}{BB'B''} = 0,$$

ce qu'on voit de suite en remplaçant $\frac{A}{BB'B''}$ dans la dernière égalité par sa valeur tirée de la précédente. Le premier membre se réduit donc à $\dfrac{\alpha}{r^3}\,a$ et le second, où deux termes en X se détruisent, à $\dfrac{X}{r^3} - \dfrac{1}{B\rho}$.

Donc

$$(1) \qquad a = \left(X - \frac{r^3}{B\rho}\right)\frac{1}{\alpha},$$

$$(2) \qquad b = \left(Y - \frac{r^3}{B'\rho}\right)\frac{1}{\beta},$$

$$(3) \qquad c = \left(Z - \frac{r^3}{B''\rho}\right)\frac{1}{\gamma}.$$

Les deux dernières formules sont obtenues en permutant, dans la première : 1° les deux premiers éléments appartenant aux groupes $a$, $b$, $c$; X, Y, Z; A, A′, A″; B, B′, B″; ce qui a pour conséquence de permuter aussi les deux premiers éléments du groupe $\alpha$, $\beta$, $\gamma$; 2° le premier et le troisième.

Je dis que ces deux dernières égalités sont vraies.

En effet, la formule (1) est une conséquence des formules (4), qui reste vraie quelle que soit la forme des éléments qui y entrent, à la condition, bien entendu, qu'un même élément y reçoive la même forme que dans les équations (4) et dans toutes celles qui s'en déduisent, et que les équations (4) elles-mêmes soient vraies avec la nouvelle forme adoptée pour les éléments. Or ces conditions se trouvent ici remplies. La première l'est, puisque l'on a permuté les deux premiers éléments dans la formule (1), et la seconde l'est aussi, puisque la permutation des deux premiers éléments dans les formules (4) n'a pour effet que de changer l'ordre de ces équations et de leurs termes. Ainsi les formules (2) et (3) expriment bien les vraies valeurs de $b$ et de $c$.

J'ajoute les équations (1), (2), (3), après les avoir élevées au carré ; d'où

$$\frac{X^2}{\alpha^2} + \frac{Y^2}{\beta^2} + \frac{Z^2}{\gamma^2} - 2\left(\frac{X}{B\alpha^2} + \frac{Y}{B'\beta^2} + \frac{Z}{B''\gamma^2}\right)\frac{r^3}{\rho}$$
$$+ \left(\frac{1}{B^2\alpha^2} + \frac{1}{B'^2\beta^2} + \frac{1}{B''^2\gamma^2}\right)\frac{r^6}{\rho^2} = 1.$$

Je remets, à la place de $\dfrac{1}{\rho}$, sa valeur

$$\frac{X}{B\alpha} + \frac{Y}{B'\beta} + \frac{Z}{B''\gamma},$$

d'où

$$\left(1 - \frac{r^3}{B^2\alpha}\right)^2 \frac{x^2}{\alpha^2} + \left(1 - \frac{r^3}{B'^2\beta}\right)^2 \frac{y^2}{\beta^2} + \left(1 - \frac{r^3}{B''^2\gamma}\right)^2 \frac{z^2}{\gamma^2}$$
$$- 2\left(\frac{1}{\beta} + \frac{1}{\gamma}\right)\frac{r^3 yz}{B'B''\beta\gamma} - 2\left(\frac{1}{\alpha} + \frac{1}{\gamma}\right)\frac{r^3 xz}{BB''\alpha\gamma} - 2\left(\frac{1}{\alpha} + \frac{1}{\beta}\right)\frac{r^3 xy}{BB'\alpha\beta} = 1.$$

Les coefficients des carrés de $x$, $y$, $z$ étant positifs, cette équation est bien celle d'un ellipsoïde.

77. Soient F, F', F″ les actions des trois rayons M$x$, M$y$, M$z$, elles font avec les axes des angles dont les cosinus sont, savoir :

|  | Avec $x$. | Avec $y$. | Avec $z$. |
|---|---|---|---|
| cosinus de F.... | $\dfrac{A}{F}$ | $\dfrac{B''}{F}$ | $\dfrac{B'}{F}$ |
| cosinus de F'... | $\dfrac{B''}{F'}$ | $\dfrac{A'}{F'}$ | $\dfrac{B}{F'}$ |
| cosinus de F″... | $\dfrac{B'}{F''}$ | $\dfrac{B}{F''}$ | $\dfrac{A''}{F''}$ |

expressions dans lesquelles le dénominateur commun à trois fractions est la racine carrée de la somme des carrés des numérateurs de ces fractions.

Prenons pour nouveaux axes des coordonnées trois droites M$x'$, M$y'$, M$z'$. parallèles à ces actions F, F', F″.

L'extrémité de l'action, dont les composantes sont X, Y, Z, suivant les axes primitifs, aura pour nouvelles coordonnées des longueurs $x'$, $y'$, $z'$, qui sont liées aux coordonnées primitives X, Y, Z de cette extrémité par les équations

$$(6) \quad \begin{cases} X = \dfrac{A}{F}x' + \dfrac{B''}{F'}y' + \dfrac{B'}{F''}z'. \\[2mm] Y = \dfrac{B''}{F}x' + \dfrac{A'}{F'}y' + \dfrac{B}{F''}z'. \\[2mm] Z = \dfrac{B'}{F}x' + \dfrac{B}{F'}y' + \dfrac{A''}{F''}z'. \end{cases}$$

Si l'on compare les équations (4) et (6), il en résulte

$$(7) \quad \frac{x'}{F} = a \quad \frac{y'}{F'} = b \quad \frac{z'}{F''} = c;$$

car, si l'on résout les équations (4) par rapport à $a$, $b$, $c$, et les équations (6) par rapport à $\dfrac{x'}{F}$, $\dfrac{y'}{F'}$, $\dfrac{z'}{F''}$, on obtient évidemment des expressions identiques. La somme des carrés des trois cosinus $a$, $b$, $c$ étant égale à l'unité, on en conclut

$$(8) \quad \frac{x'^2}{F^2} + \frac{y'^2}{F'^2} + \frac{z'^2}{F''^2} = 1.$$

C'est l'équation d'un ellipsoïde, rapporté à un système de diamètres conjugués. Donc les directions des actions F, F′, F″ de trois rayons rectangulaires coïncident avec un système de trois diamètres conjugués de l'ellipsoïde indicateur. Si ces trois diamètres sont les axes de l'ellipsoïde, les trois rayons dont ils représentent les actions sont rectangulaires, puisque les axes sont un système de diamètres conjugués. Je dis de plus qu'ils coïncident avec ces axes. En effet, les rayons servant d'axes des coordonnées étant toujours ceux dont les actions ont pour composantes A, B″, .... Si la coïncidence dont je parle a lieu, les composantes $X$, $Y$, $Z$ de l'action $S$ d'un rayon $(a, b, c)$ coïncidant avec un axe seront données par les formules (4), qui devront être égales à $aS$, $bS$, $cS$, et les équations suivantes seront vérifiées :

$$(9) \quad \begin{cases} (X - S)a + B''b + B'c = 0, \\ B''a + (Y - S)b + Bc = 0, \\ B'a + Bb + (Z - S)c = 0, \end{cases}$$

$a$, $b$ et $c$ satisfaisant d'ailleurs à la condition

$$a^2 + b^2 + c^2 = 1.$$

Le système de ces quatre équations entre les quatre inconnues $a$, $b$, $c$, $S$ a été complètement résolu et discuté dans les Cours de Géométrie analytique pour la recherche des axes des surfaces du second degré. On a trouvé que l'équation finale du troisième degré en $S$ a toujours ses trois racines réelles à chacune desquelles correspond une direction déterminée $(a, b, c)$, et que ces trois directions sont rectangulaires.

Ainsi, nous sommes assurés qu'il existe trois rayons rectangulaires coïncidant avec les directions de leurs actions. Or, comme les directions de ces actions rectangulaires doivent coïncider avec un système de diamètres conjugués, puisqu'elles sont relatives à trois rayons rectangulaires, elles ne peuvent coïncider qu'avec les axes de l'ellipsoïde. On les désigne sous le nom d'*actions principales*.

**78.** Remarquez que la surface représentée par l'équation

$$(10) \quad Ax^2 + A'y^2 + A''z^2 + 2Byz + 2B'xz + 2B''xy = C,$$

où $C$ est une constante arbitraire, a les mêmes axes que l'ellipsoïde indicateur, car la recherche de ces axes conduit justement au système de quatre équations qui précèdent, en $a$, $b$, $c$, $S$.

Cette surface concentrique à l'ellipsoïde a ses demi-axes inversement proportionnels à la racine carrée des actions principales $S$, $S'$, $S''$, abstraction faite de leur signe. En effet, si l'on prenait pour axes coordonnés ceux de l'ellipsoïde, la nouvelle équation de la surface (10) s'obtiendrait en faisant dans cette équation

$$A = S, \quad A' = S', \quad A'' = S'', \quad B = B' = B'' = 0,$$

d'où résulterait

$$(11) \qquad S x^2 + S' y^2 + S'' z^2 = C.$$

En posant

$$S = \pm \frac{1}{a'^2}, \quad S = \pm \frac{1}{b'^2}, \quad S = \pm \frac{1}{c'^2},$$

cette équation deviendrait

$$\pm \frac{x^2}{a'^2} \pm \frac{y^2}{b'^2} \pm \frac{z^2}{c'^2} = C.$$

C'est celle d'une surface à centre dont les demi-axes sont en raison inverse de la racine carrée de $S$, $S'$, $S''$, ainsi que nous l'avons annoncé.

Les cosinus $a$, $b$, $c$ du rayon dont l'action est $(X, Y, Z)$ sont

$$(12) \qquad a = \frac{X}{S}, \quad b = \frac{Y}{S'}, \quad c = \frac{Z}{S''}.$$

L'équation du plan normal à ce rayon, passant par l'origine des coordonnées, est

$$a x + b y + c z = 0$$

ou bien, en remplaçant $a$, $b$, $c$ par leurs valeurs,

$$(13) \qquad \frac{X x}{S} + \frac{Y y}{S'} + \frac{Z z}{S''} = 0.$$

C'est l'équation d'un plan mené par l'origine parallèlement au plan tangent en un point X, Y, Z de la surface

$$(14) \qquad \frac{X^2}{S} + \frac{Y^2}{S'} + \frac{Z^2}{S''} = C.$$

Cette surface concentrique comme la précédente (11) à l'ellipsoïde indicateur et, ayant mêmes directions d'axes, a des demi-axes $a''$, $b''$, $c''$ inverses de ceux de cette surface (11), et par suite proportionnels aux racines carrées des actions principales prises abstraction faite de leurs signes.

Nous venons d'admettre l'identité des surfaces (10) et (11) par une simple raison d'analogie. Voici comment on la démontre rigoureusement. Soient $a$, $b$, $c$; $a'$, $b'$, $c'$; $a''$, $b''$, $c''$ les cosinus des axes $x'$, $y'$, $z'$ auxquels est rapportée la surface (10), avec les axes $x$, $y$, $z$ auxquels est rapportée la surface (11); en sorte que $a$, $b$, $c$ soient les cosinus de $x'$ avec $x$, $y$, $z$.

Les coordonnées $x$, $y$, $z$ d'un point M rapporté aux axes $x$, $y$, $z$ seront exprimées en fonction des coordonnées $x'$, $y'$, $z'$ du même point rapporté aux axes $x'$, $y'$, $z'$ par les formules suivantes :

$$\begin{aligned} x &= a x' + a' y' + a'' z', \\ y &= b x' + b' y' + b'' z', \\ z &= c x' + c' y' + c'' z'. \end{aligned}$$

En substituant ces valeurs dans l'équation (11), elle devient

$$\begin{aligned} &(S a^2 + S' b^2 + S'' c^2) x'^2 + (S a'^2 + S' b'^2 + S'' c'^2) y'^2 \\ &\quad + (S a''^2 + S' b''^2 + S'' c''^2) z'^2 + 2(S a' a'' + S' b' b'' + S'' c' c'') y' z' \\ &\quad + 2(S a a'' + S' b b'' + S'' c c'') x' z' + 2(S a a' + S' b b' + S'' c c') x y = C. \end{aligned}$$

C'est l'équation de la surface (11) rapportée aux axes

$x'$, $y'$, $z'$, et il suffit de prouver les égalités

$$S a^2 + S' b^2 + S'' c^2 = A, \quad S a' a'' + S' b' b'' + S'' c' c'' = B, \quad \ldots$$

Or les composantes de l'action du rayon $(a, b, c)$ suivant les axes $x$, $y$, $z$ sont $S a$, $S' b$, $S'' c$ et l'action résultante projetée sur l'axe $x'$ est par suite $S a^2 + S' b^2 + S'' c^2$. Mais cette projection n'est autre chose que $A$, composante de l'action du rayon $x'$ suivant l'axe $x'$ lui-même. On vérifierait de même l'identité de tous les autres coefficients.

Si les actions principales $S$, $S'$, $S''$ sont de même signe, la surface (14) est un ellipsoïde. Si elles sont de signes différents, elle représente un hyperboloïde à une ou deux nappes, suivant le signe de $C$; dans ce cas, il faudrait joindre à l'équation (14) celle de l'hyperboloïde conjugué

$$(15) \qquad \frac{X^2}{S} + \frac{Y^2}{S'} + \frac{Z^2}{S''} = - C,$$

pour qu'un rayon quelconque rencontrant la surface de l'ellipsoïde en un point $(X, Y, Z)$ rencontrât une nappe d'hyperboloïde

Mais la considération de cet hyperboloïde conjugué n'est pas nécessaire. Il suffit, en effet, de remarquer qu'un demi-diamètre $(X, Y, Z)$ de l'ellipsoïde, qui coïncide avec un diamètre réel ou imaginaire du premier hyperboloïde, a pour plan diamétral conjugué dans cet hyperboloïde celui dont les cosinus sont $\frac{X}{S}$, $\frac{Y}{S'}$, $\frac{Z}{S''}$, et l'on pourra énoncer cette proposition.

Le rayon dont l'action est dirigée suivant un demi-diamètre quelconque de l'ellipsoïde est normal au plan diamétral conjugué de la droite qui coïncide avec ce demi-diamètre dans la surface représentée par l'équation (14). Le terme constant $C$ peut être d'ailleurs quelconque, puisque les relations qui existent entre les coefficients angulaires des droites et plans conjugués sont indépendants de ce terme constant.

Lorsque la surface (14) n'est pas un ellipsoïde, son cône asymptotique jouit de cette propriété que toute action dirigée suivant une de ses génératrices est celle d'un plan tangent au cône, suivant cette génératrice elle-même. Tous les plans tangents à ce cône sont donc des plans de glissement. Dans tous les cas, les équations (12) combinées avec $a^2 + b^2 + c^2 = 1$ résoudront immédiatement ces deux questions :

1° *Étant donné un rayon $a$, $b$, $c$, trouver son action,* et 2° *Étant donnée l'action $X$, $Y$, $Z$ d'un rayon, trouver sa direction :*

La surface (11) serait substituée avec avantage à l'ellipsoïde comme surface indicatrice.

En effet, prenons sur le rayon $(a, b, c)$, dont l'action est $(X, Y, Z)$, une longueur en raison inverse de la racine carrée de la composante normale $aX + bY + cZ$ de cette action. Les coordonnées $x$, $y$, $z$ de l'extrémité de cette longueur $\rho$ seront celles de la surface (11). Pour le prouver, j'ajoute les équations (4), n° 75, multipliées respectivement par $a$, $b$, $c$, d'où résulte

$$aX + bY + cZ = Aa^2 + A'b^2 + A''c^2 + 2Bbc + 2B'ac + 2B''ab.$$

Remplaçant le premier membre par $\dfrac{C}{\rho^2}$, multipliant par $\rho^2$ et remplaçant $a\rho$, $b\rho$, $c\rho$ par $x$, $y$, $z$, on reproduit l'équation (10), qui est celle de la surface (11),

$$Sx^2 + S'y^2 + S''z^2 = C,$$

rapportée à des axes rectangulaires quelconques. Si cette surface n'est pas un ellipsoïde, il faudra y joindre toujours l'équation de l'hyperboloïde conjugué

$$S x^2 + S' y^2 + S'' z^2 = - C.$$

Les rayons rencontrant cette dernière surface auront des actions de signe contraire à celles dont les rayons rencontrent la première. Si les unes sont des pressions, les autres seront des tractions. Les rayons asymptotiques seront normaux à des plans de glissement.

Cette surface indicatrice remplacera également l'équation (14), servant à figurer les directions des rayons des actions de l'ellipsoïde indicateur. En effet, avec les axes quelconques, les seconds membres des formules (4) peuvent être pris pour les coefficients d'orientation du plan diamétral conjugué du demi-diamètre $(a, b, c)$, et par suite du plan tangent à la surface, à l'extrémité du rayon $\rho$. Les axes de la surface étant pris pour axes des coordonnées, cette proposition se vérifie plus simplement, parce que les formules (4) se réduisent à $X = a S$, $Y = b S'$, $Z = c S''$. La direction $\left( \dfrac{X}{F}, \dfrac{Y}{F}, \dfrac{Z}{F} \right)$ de l'action F est donc normale au plan mené tangentiellement à la surface (11) à l'extrémité du demi-diamètre $\rho$ coïncidant avec le rayon $a$, $b$, $c$. En portant une longueur MN égale à $\dfrac{C}{\rho^2}$ sur la direction de ce demi-diamètre et menant par l'extrémité N un plan normal au rayon, qui coupera la direction de l'action F en un point A, la longueur MA représentera l'intensité de F, et la distance NA celle de sa composante tangentielle ou de glissement.

79. Si l'action principale S est positive, il existe une pression au point M, suivant sa direction; en effet, soit $m^2$ cette valeur.

La résolution des équations (9), qui a conduit au résultat $S = m^2$, a donné pour les cosinus du rayon correspondant deux systèmes de valeurs égales deux à deux et de signes contraires telles que $+a'$, $+b'$, $+c'$, et $-a'$. $-b'$, $-c'$. Ils représentent deux rayons opposés MA et MB.

Après avoir rapporté la surface indicatrice à ses axes, je suppose que MA ait été pris pour le demi-axe positif des $x$. Alors S représente l'action du rayon MA. Or, d'après la règle du n° **72**, l'action de MA est appliquée à la partie du milieu située du même côté que ce rayon. Puisqu'elle est positive, elle tend à faire pénétrer le point M dans cette partie; donc il y a pression en ce point suivant l'axe AB. Si l'on avait pris pour demi-axe positif des $x$, le rayon MB, l'action de ce rayon diamétralement opposé serait encore représentée par $S = m^2$, puisque, comme nous venons de le dire, cette valeur $S = m^2$ correspond aux deux directions MA et MB. Dans ce second cas, l'action du rayon MB tend encore à faire pénétrer le point M dans la partie du milieu située du même côté que lui; il y a donc toujours pression. Lorsqu'une action principale est négative, on reconnaîtrait de même qu'il existe une traction suivant sa direction. On verra plus tard que, dans le cas d'une action principale nulle, la direction de cette action, qui ne cesse pas d'être déterminée, est normale à un plan de glissement.

## ARTICLE III.

### CALCUL DES ACTIONS DE TROIS RAYONS RECTANGULAIRES $Mx$, $My$, $Mz$ EN UN POINT M D'UN MILIEU SOLIDE EN FONCTION DES DÉPLACEMENTS RELATIFS NORMAUX ET TANGENTIELS DES MOLÉCULES EN CE POINT.

80. Occupons-nous d'abord de déterminer le déplacement relatif de deux molécules M et M' en fonction des

déplacements composants $u$, $v$, $w$ qui se produisent dans le milieu solide pour chaque molécule et qui sont eux-mêmes des fonctions des trois coordonnées $x$, $y$, $z$ de cette molécule.

Les coordonnées du point M′ infiniment voisin du point M sont égales à celles de ce point augmentées des différentielles $dx$, $dy$, $dz$. Les projections $u′$, $v′$, $w′$ de son déplacement seront égales à $u$, $v$, $w$ augmentées de leurs différentielles totales $du$, $dv$, $dw$ par rapport aux trois variables indépendantes $x$, $y$, $z$, savoir :

$$(1) \quad \begin{cases} du = \dfrac{du}{dx}\,dx + \dfrac{du}{dy}\,dy + \dfrac{du}{dz}\,dz, \\[2mm] dv = \dfrac{dv}{dx}\,dx + \dfrac{dv}{dy}\,dy + \dfrac{dv}{dz}\,dz, \\[2mm] dw = \dfrac{dw}{dx}\,dx + \dfrac{dw}{dy}\,dy + \dfrac{dw}{dz}\,dz. \end{cases}$$

Le déplacement relatif des points M et M′ produits par leurs déplacements absolus est égal à la variation de leur distance primitive $ds$.

Soient $M_1$ et $M_2$ les nouvelles positions de M et M′. Les projections de la distance $M_1 M_2$ sont égales à $dx + du$, $dy + dv$, $dz + dw$. Or, les quantités $u$, $v$, $w$ étant très petites par rapport à $x$, $y$, $z$, $du$, $dv$, $dw$ sont très petites par rapport à $dx$, $dy$, $dz$, et la longueur $M_1 M_2$ pourra être considérée comme égale à sa projection sur la droite MM′. Mais cette projection est égale à

$$(dx + du)\frac{dx}{ds} + (dy + dv)\frac{dy}{ds} + (dz + dw)\frac{dz}{ds},$$

et, si l'on en retranche $ds$, qui est égale à $\sqrt{dx^2 + dy^2 + dz^2}$, il reste pour l'accroissement cherché de $ds$

$$(2) \quad \hat{o}\,ds = du \times \frac{dx}{ds} + dv\,\frac{dy}{ds} + dw\,\frac{dz}{ds},$$

ou, en remplaçant les différentielles totales par leurs valeurs (1), divisant par $ds$ et représentant par $a$, $b$, $c$ les cosinus $\frac{dx}{ds}$, $\frac{dy}{ds}$, $\frac{dz}{ds}$ des angles que fait la droite MM' avec les axes coordonnés,

$$(3) \quad \begin{cases} \dfrac{\partial ds}{ds} = a^2 \dfrac{du}{dx} + b^2 \dfrac{dv}{dy} + c^2 \dfrac{dw}{dz} \\[2mm] \qquad + bc\left(\dfrac{dv}{dz} + \dfrac{dw}{dy}\right) + ac\left(\dfrac{du}{dz} + \dfrac{dw}{dx}\right) + ab\left(\dfrac{du}{dy} + \dfrac{dv}{dx}\right). \end{cases}$$

Prenons à partir du point M suivant la direction MM' une longueur $\rho$ satisfaisant à l'égalité $\dfrac{\partial ds}{ds} = \dfrac{C}{\rho^2}$, dans laquelle C soit une constante prise arbitrairement. L'extrémité de ce rayon vecteur aura pour coordonnées $x = a\rho$, $y = b\rho$, $z = c\rho$. Je remplace dans l'équation (3) $a$, $b$, $c$ par leurs valeurs tirées de ces égalités, je pose

$$\frac{du}{dx} = A_1, \quad \frac{dv}{dy} = A'_1, \quad \frac{dw}{dz} = A''_1,$$

$$\frac{dv}{dz} + \frac{dw}{dy} = 2B_1, \quad \frac{du}{dz} + \frac{dw}{dx} = 2B'_1, \quad \frac{du}{dy} + \frac{dv}{dx} = 2B''_1.$$

et cette équation (3) devient

$$(a) \quad A_1 x^2 + A'_1 y^2 + A''_1 z^2 + 2B_1 yz + 2B'_1 xz + 2B''_1 xy = C.$$

C'est l'équation d'une surface du second degré ayant son centre à l'origine, c'est-à-dire au point M.

Il en résulte qu'en portant sur une direction donnée à partir du point M d'un milieu solide une longueur inversement proportionnelle à la racine carrée de $\dfrac{\partial ds}{ds}$, qui mesure la dilatation ou la contraction du milieu en ce point et dans cette direction, le lieu géométrique de ces extrémités sera une surface du second degré ayant son centre au point M. S'il y a des dilatations en même temps que des contractions, les coefficients $A_1$, $A'_1$, $A''_1$ ayant des signes différents, la surface sera un hyperboloïde. Les génératrices du cône asymptotique seront des diamètres infinis suivant lesquels, $\dfrac{\delta\, ds}{ds}$ étant nul, il n'y aura ni dilatation ni contraction. Quant aux diamètres imaginaires, ils seront relatifs à des contractions ou des dilatations suivant le signe choisi pour C. Nous verrons bientôt que les axes de cette surface coïncident avec ceux de la surface indicatrice des actions et de leurs rayons.

81. L'action attractive ou répulsive développée entre les deux molécules M et M' par le déplacement relatif (3) est égale au produit de ce rapport par un coefficient constant que nous représenterons par $e$. On peut, en effet, admettre qu'il en est ainsi dans les milieux solides, lorsque la limite d'élasticité n'est pas dépassée.

Cela posé, l'action d'un plan quelconque passant par un point M du milieu s'obtiendra de la manière suivante :

Soit PQ (*fig.* 4) la trace de ce plan.

Fig. 4.

Menons par le point M une droite quelconque AB, que nous prendrons pour axe d'un cylindre d'une section droite $\omega$ assez petite pour ne contenir qu'une seule molécule.

Considérons tous les couples de molécules que l'on peut former en prenant deux molécules de l'intérieur du cylindre, l'une au-dessus et l'autre au-dessous du plan PQ, et faisons la somme des actions mutuelles développées entre les molécules de chaque couple. Cette somme sera une force normale à $\omega$ que nous désignerons par $f$ et qui représentera une pression ou une traction.

Si l'on désigne par $a$ le cosinus de l'angle de AB avec la normale à PQ, l'aire de la section oblique du cylindre par ce plan sera $\dfrac{\omega}{a}$ et la pression ou traction par une unité de surface de cette section oblique sera égale à $f$ divisée par l'aire $\dfrac{\omega}{a}$ de cette section ou à $\dfrac{fa}{\omega}$.

Cette quantité est l'intensité de la composante élémentaire de l'action du plan PQ provenant des molécules du cylindre, dont l'axe est dirigé suivant la droite AB.

La résultante de toutes les composantes analogues obtenues en faisant tourner la droite AB dans toutes les directions possibles autour du point M n'est autre chose que l'action cherchée du plan PQ.

**82.** Décrivons autour du point M (*fig.* 5) une sphère d'un rayon égal à la distance au delà de laquelle deux molécules cessent d'agir l'une sur l'autre en vertu de leurs déplacements relatifs.

Soit MA un rayon de cette sphère dite *sphère d'activité* de la molécule M ; $a$, $b$, $c$ les cosinus de ce rayon. Le cylindre dont la section droite est $\omega$ et dont l'axe est MA découpe sur la surface de la sphère un élément superficiel égal à cette section. Pour obtenir la quantité $f$, somme des actions mutuelles, relative à la direction MA prolongée

en un diamètre entier AB, nous admettrons que le rayon
de la sphère d'activité est assez petit pour que les déplacements relatifs des molécules situées dans l'intérieur de
cette sphère et sur une même droite soient proportion-

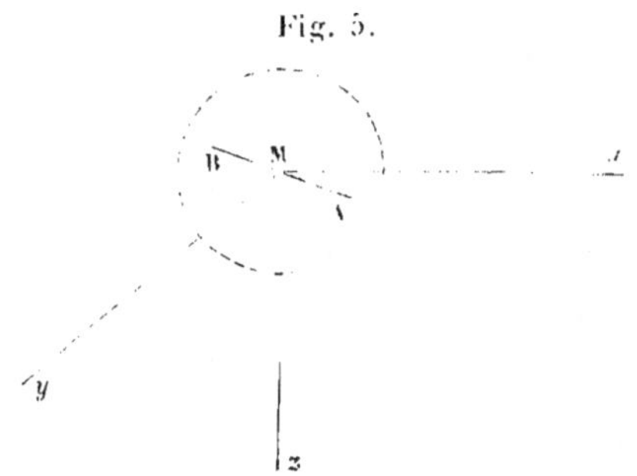

Fig. 5.

nels à leurs distances mutuelles, en sorte que le rapport
$\dfrac{\delta\, ds}{ds}$ soit constant pour tous les couples de molécules du cylindre AB dans l'intérieur de la sphère. La quantité $f$ sera
donc égale à $\dfrac{\delta\, ds}{ds}$, multipliée par une constante C qui dé-
pendra de la nature du milieu. On aura donc

$$(16) \qquad f = C\,\frac{d\,\delta s}{ds}.$$

Nous avons dit que la composante élémentaire de l'action d'un plan PQ suivant une droite faisant avec la normale au plan un angle dont le cosinus est $a$ était égale
à $\dfrac{fa}{\omega}$.

La normale au plan $yz$, qui est l'axe des $x$, faisant
avec AB un angle dont le cosinus est $a$, la composante
élémentaire de l'action du plan $yz$ relative à cette direction
sera donc égale à

$$C\,\frac{a}{\omega}\,\frac{d\,\delta s}{ds}.$$

D'après la règle du n° **72**, où nous avons prévenu que l'expression, action d'un rayon $(a, b, c)$, désignerait celle des deux actions égales et contraires qui est appliquée à la partie du milieu placée du même côté que ce rayon, la constante C doit être négative.

En effet, si le rayon MA ( *fig.* 5) coïncide avec l'axe positif M$x$, $a$ est égal à 1. Si de plus $ds$ a éprouvé un allongement, $\frac{\partial ds}{ds}$ est positif. Dans ce cas, il y a traction suivant l'axe des $x$, et, puisque cette traction doit être considérée comme appliquée à la partie du milieu placée du côté des $x$ positifs, elle doit tirer vers les $x$ négatifs, et par suite son expression $C \frac{1}{\omega} \frac{d\partial s}{ds}$ doit être négative : donc C doit être négatif.

Les projections de l'action élémentaire précédente sur les trois axes coordonnés sont donc

$$(17) \qquad -\frac{C}{\omega} a^2 \frac{\partial ds}{ds}, \quad -\frac{C}{\omega} ab \frac{\partial ds}{ds}, \quad -\frac{C}{\omega} ac \frac{\partial ds}{ds};$$

C représentant maintenant un facteur positif.

En faisant la somme de tous les produits analogues que l'on obtient, lorsqu'on donne au diamètre AB toutes les directions possibles, on formera les trois composantes A, B″, B′ de l'action cherchée du plan $yz$. Or, je dis que les sommes

$$(18) \qquad \sum \frac{C}{\omega} a^2 \frac{\partial ds}{ds}, \quad \sum \frac{C}{\omega} ab \frac{\partial ds}{ds}, \quad \sum \frac{C}{\omega} ac \frac{\partial ds}{ds}$$

ne sont autre chose que les intégrales doubles

$$(19) \qquad \int \int m\sigma a^2 \frac{\partial ds}{ds}, \quad \int \int m\sigma ab \frac{\partial ds}{ds}, \quad \int \int m\sigma ac \frac{\partial ds}{ds},$$

étendues à toute la surface de l'un des deux hémisphères séparés par le plan $yz$, dans lesquelles $\sigma$ désigne l'élément différentiel de la surface de la sphère et $m$ un facteur constant.

En effet, on obtient toutes les directions possibles du diamètre AB, en partageant l'hémisphère considéré en parties infiniment petites $\omega$ ayant une molécule pour centre. Le rayon de la sphère aboutissant à ce centre est l'une de ces directions.

Or nous admettons avec Poisson que l'élément différentiel $\sigma$ de la surface de la sphère renferme un très grand nombre $n$ de molécules.

Si, dans la somme $\sum \dfrac{C}{\omega} a^2 \dfrac{\partial\, ds}{ds}$, on réunit en un seul les termes correspondant à toutes les directions traversant l'élément $\sigma$, qui sont tous égaux entre eux, car les variables $a$, $b$, $c$ peuvent être considérées comme constantes dans l'étendue de cet élément, chaque terme total sera égal à $n \dfrac{C}{\omega} a^2 \dfrac{\partial\, ds}{ds}$ ou bien à $\dfrac{C}{\omega^2} a^2 \dfrac{\partial\, ds}{ds} \sigma$, que l'on obtient en remplaçant $n$ par $\dfrac{\sigma}{\omega}$. Or $\dfrac{C}{\omega^2}$ est une constante qui dépend de la nature du milieu et de l'écartement des molécules, nous la désignerons par $m$ et l'on voit que les sommes (18) sont égales aux intégrales doubles (19), les unes et les autres étant nécessairement prises dans la même étendue, qui est ici l'un des deux hémisphères séparés par le plan $yz$.

Pour la rigueur de la théorie précédente, il suffit que tout diamètre de la sphère rencontre le même nombre de molécules semblablement disposées, quelle que soit sa direction, et cette condition doit être considérée comme remplie par la nature de l'homogénéité que nous attribuons à nos corps solides.

*Calcul des neuf intégrales doubles qui représentent les composantes des actions de chacun des trois plans coordonnés.*

**83.** Partageons la surface de l'hémisphère situé à droite du plan $yz$ du côté des $x$ positifs en éléments différentiels, ayant pour projection sur le plan de grand cercle $yz$ des rectangles $dy\,dz$. L'élément $\sigma$ situé au point A (*fig. 5*) est égal à $\dfrac{dy\,dz}{a}$. Les cosinus du rayon MA sont

$$a = \frac{x}{r}, \quad b = \frac{y}{r}, \quad c = \frac{z}{r},$$

$r$ désignant le rayon de la sphère d'activité et $x$, $y$, $z$ les coordonnées du point A de sa surface.

Les trois intégrales (19), qui représentent les trois composantes A, B″, B′ de l'action du plan $yz$, deviennent alors

$$A = \int\!\int \frac{m}{r}\, x \, \frac{\partial\, ds}{ds}\, dy\,dz.$$

$$B'' = \int\!\int \frac{m}{r}\, y \, \frac{\partial\, ds}{ds}\, dy\,dz.$$

$$B' = \int\!\int \frac{m}{r}\, z \, \frac{\partial\, ds}{ds}\, dy\,dz.$$

On trouverait de même, pour les composantes de l'action du plan $xz$,

$$B'' = \int\!\int \frac{m}{r}\, x \, \frac{\partial\, ds}{ds}\, dx\,dz.$$

$$A' = \int\!\int \frac{m}{r}\, y \, \frac{\partial\, ds}{ds}\, dx\,dz.$$

$$B = \int\!\int \frac{m}{r}\, z \, \frac{\partial\, ds}{ds}\, dx\,dz$$

et, pour celles de l'action du plan $xy$,

$$B' = \int\int \frac{m}{r} x \frac{\partial\,ds}{ds}\, dx\, dy,$$

$$B = \int\int \frac{m}{r} y \frac{\partial\,ds}{ds}\, dx\, dy,$$

$$A'' = \int\int \frac{m}{r} z \frac{\partial\,ds}{ds}\, dx\, dy.$$

Si l'on remplace, dans ces formules, $\dfrac{\partial\,ds}{ds}$ par sa valeur (3) du n° 80 et que l'on pose, pour abréger,

$$\alpha = \frac{du}{dx}, \qquad \alpha' = \frac{dv}{dz} + \frac{dw}{dy},$$

$$\beta = \frac{dv}{dy}, \qquad \beta' = \frac{dw}{dx} + \frac{du}{dz},$$

$$\gamma = \frac{dw}{dz}, \qquad \gamma' = \frac{du}{dy} + \frac{dv}{dx},$$

ces six quantités restant constantes dans les intégrations, on obtiendra

$$(20)\quad\begin{cases}
A = \dfrac{m}{r^3}\displaystyle\int\int(\alpha x^2 + \beta y^2 + \gamma z^2 + \alpha' yz + \beta' xz + \gamma' xy)x\, dy\, dz,\\[2mm]
B'' = \dfrac{m}{r^3}\displaystyle\int\int(\alpha x^2 + \beta y^2 + \gamma z^2 + \alpha' yz + \beta' xz + \gamma' xy)y\, dy\, dz,\\[2mm]
B' = \dfrac{m}{r^3}\displaystyle\int\int(\alpha x^2 + \beta y^2 + \gamma z^2 + \alpha' yz + \beta' xz + \gamma' xy)z\, dy\, dz,\\[2mm]
B'' = \dfrac{m}{r^3}\displaystyle\int\int(\alpha x^2 + \beta y^2 + \gamma z^2 + \alpha' yz + \beta' xz + \gamma' xy)x\, dx\, dz,\\[2mm]
A' = \dfrac{m}{r^3}\displaystyle\int\int(\alpha x^2 + \beta y^2 + \gamma z^2 + \alpha' yz + \beta' xz + \gamma' xy)y\, dx\, dz,\\[2mm]
B = \dfrac{m}{r^3}\displaystyle\int\int(\alpha x^2 + \beta y^2 + \gamma z^2 + \alpha' yz + \beta' xz + \gamma' xy)z\, dx\, dz,\\[2mm]
B' = \dfrac{m}{r^3}\displaystyle\int\int(\alpha x^2 + \beta y^2 + \gamma z^2 + \alpha' yz + \beta' xz + \gamma' xy)x\, dx\, dy,\\[2mm]
B = \dfrac{m}{r^3}\displaystyle\int\int(\alpha x^2 + \beta y^2 + \gamma z^2 + \alpha' yz + \beta' xz + \gamma' xy)y\, dx\, dy,\\[2mm]
A'' = \dfrac{m}{r^3}\displaystyle\int\int(\alpha x^2 + \beta y^2 + \gamma z^2 + \alpha' yz + \beta' xz + \gamma' xy)z\, dx\, dy.
\end{cases}$$

**84.** Tous les termes des seconds membres, abstraction faite d'un facteur constant, sont de la forme

$$\int\int x^a y^b z^c \, dy \, dz;$$

les exposants $a$, $b$, $c$ pouvant varier de zéro à 3, la somme $a + b + c$ étant toujours égale à 3 et le produit $dy\,dz$ étant remplacé successivement par $dx\,dz$ et $dx\,dy$.

Décrivons autour du point M une sphère de rayon égal à l'unité et désignons par $x'$, $y'$, $z'$ les coordonnées du point de cette sphère situé sur le prolongement du rayon MA; on aura

$$x = rx',$$
$$y = ry',$$
$$z = rz'.$$

Remplaçons, dans les formules (20), $x$, $y$, $z$, $dx$, $dy$, $dz$ par leurs valeurs tirées de ces équations, puis supprimons les accents des coordonnées $x'$, $y'$, $z'$, et nous obtiendrons des formules qui ne différeront des précédentes qu'en ce que le facteur $\dfrac{1}{r^3}$ sera remplacé par le facteur $r^2$ en avant du double signe $\int\int$.

$$Calcul \ de \ \int\int x^3 \, dy \, dz.$$

**85.** Les variables $x$, $y$, $z$ sont liées par l'équation

$$x^2 + y^2 + z^2 = 1,$$

d'où l'on tire

$$x = \sqrt{1 - y^2 - z^2} = \sqrt{1 - y^2}\,\sqrt{1 - \frac{z^2}{1 - y^2}}.$$

Intégrons d'abord par rapport à $z$; $y$ et $dy$ étant laissés constants, il viendra

$$(a) \qquad \int x^3\, dy\, dz = (1 - y^2)^{\frac{3}{2}}\, dy \int \left(1 - \frac{z^2}{1 - y^2}\right)^{\frac{3}{2}} dz.$$

Les limites de l'intégrale sont les deux valeurs de $z$ correspondant à $y$ dans l'équation du grand cercle

$$y^2 + z^2 = 1,$$

savoir

$$z' = -\sqrt{1 - y^2}, \quad z'' = +\sqrt{1 - y^2}.$$

Posons

$$(c) \qquad \frac{z}{\sqrt{1 - y^2}} = t,$$

d'où l'on tire, la valeur de $y$ étant constante,

$$\frac{dz}{\sqrt{1 - y^2}} = dt,$$

et, en mettant les valeurs de $z$ et de $dz$ tirées de ces équations dans le second membre de l'équation $(a)$, il vient

$$(d) \qquad \int x^3\, dy\, dz = (1 - y^2)^2\, dy \int (1 - t^2)^{\frac{3}{2}}\, dt.$$

Or on a

$$(b) \qquad \int \sqrt{(1 - t^2)^3}\, dt = \int \sqrt{1 - t^2}\, dt - \int t^2 \sqrt{1 - t^2}\, dt.$$

Mais

$$t^2 \sqrt{1 - t^2}\, dt = -\tfrac{1}{2} t \sqrt{1 - t^2}\, d(1 - t^2)$$

et, en intégrant par parties,

$$\int t^2 \sqrt{1 - t^2}\, dt = -\tfrac{1}{3} t \sqrt{(1 - t^2)^3} + \tfrac{1}{3} \int \sqrt{(1 - t^2)^3}\, dt.$$

En portant cette valeur dans l'équation ($b$), on en tire

$$\int \sqrt{(1-t^2)^3}\, dt = \tfrac{3}{4} \int \sqrt{1-t^2}\, dt + \tfrac{1}{4} t \sqrt{(1-t^2)^3}.$$

Or, d'après une formule connue,

$$\int \sqrt{1-t^2}\, dt = \tfrac{1}{2}\left(\operatorname{arc\,sin} t + t\sqrt{1-t^2}\right),$$

d'où résulte

$$\int \sqrt{(1-t^2)^3}\, dt = \tfrac{3}{8}\operatorname{arc\,sin} t + \tfrac{3}{8} t\sqrt{1-t^2} + \tfrac{1}{4} t\sqrt{(1-t^2)^3} + C.$$

Les deux limites $t'$ et $t''$ de cette intégrale s'obtiendront en remplaçant dans la formule ($c$) $z$ par

$$z' = -\sqrt{1-y^2} \quad \text{et} \quad z'' = +\sqrt{1-y^2},$$

ce qui donne

$$t' = -1 \quad \text{et} \quad t'' = +1.$$

On trouve ainsi, pour l'intégrale définie ($d$),

$$\int_{z'}^{z''} x^3\, dy\, dz = (1-y^2)^2\, dy\, \tfrac{3}{8}\pi.$$

Il reste à intégrer cette équation par rapport à $y$ entre les limites $y' = -1$ et $y'' = +1$; or on trouve immédiatement

$$\int_{-1}^{1}(1-y^2)^2\, dy = \tfrac{16}{15}.$$

et il en résulte, pour la valeur de l'intégrale double cherchée,

$$\int\int x^3\, dy\, dz = \tfrac{2}{5}\pi.$$

$$\text{Calcul de } \int \int xy^2 \, dy \, dz.$$

86. Intégrons d'abord par rapport à $z$, en laissant $y$ et $dy$ constants; nous aurons

$$\int xy^2 \, dy \, dz = y^2 \, dy \int x \, dz = y^2 (1 - y^2) \, dy \int \sqrt{1 - t^2} \, dt.$$

Or l'intégrale du second membre, dont les limites sont $t' = -1$ et $t'' = +1$, est égale à $\frac{\varpi}{2}$, et, si l'on intègre maintenant par rapport à $y$, depuis $y' = -1$ jusqu'à $y'' = +1$, on obtient

$$\int \int xy^2 \, dy \, dz = \tfrac{2}{15} \varpi.$$

L'intégrale qui suit $\int \int xz^2 \, dy \, dz$ est évidemment la même que la précédente; car, si, avant d'effectuer les calculs de celle-ci, on y avait changé $y$ en $z$ et $z$ en $y$, on serait arrivé au même résultat numérique. On peut se rendre compte d'une autre manière encore de l'égalité des deux intégrales.

En effet, si l'on mène la bissectrice de l'angle $y\mathrm{M}z$ et que l'on compare les éléments des deux intégrales correspondant à deux points $\mathrm{M}$ et $\mathrm{M}'$ du plan $yz$ symétriques par rapport à cette bissectrice, on verra que l'élément de la première intégrale correspondant au point $\mathrm{M}$ est égal à celui de la seconde intégrale correspondant au point $\mathrm{M}'$, et qu'ainsi elles sont composées d'éléments égaux deux à deux.

Les trois autres intégrales, ayant pour coefficients $\alpha'$, $\beta'$, $\gamma'$, sont nulles comme composées d'éléments égaux deux à deux et de signes contraires, car $x$, ne variant qu'entre zéro et 1, est toujours positif, tandis que $y$ et $z$ varient tous deux entre $-1$ et $+1$. On aura donc, pour la composante A du plan $yz$,

$$A = \tfrac{2}{15}\varpi\, mr^2 \left( 3\frac{du}{dx} + \frac{dv}{dy} + \frac{dw}{dz} \right).$$

Les cinq premières intégrales de la composante $B''$ de la même action s'annulent toutes les cinq par la même raison; d'ailleurs l'intégrale $\int\int xy^2\, dy\, dz$, déjà calculée précédemment, est égale à $\tfrac{2}{15}\varpi$; on aura donc

$$B'' = \tfrac{2}{15}\varpi\, mr^2 \left( \frac{du}{dz} + \frac{dv}{dy} \right).$$

Dans l'expression de la troisième composante $B'$ de la même action, la seule intégrale qui ne s'annule pas est $\int\int xz^2\, dy\, dz$, qui est encore égale à $\tfrac{2}{15}\varpi$, et l'on obtient

$$B' = \tfrac{2}{15}\varpi\, mr^2 \left( \frac{du}{dz} + \frac{dw}{dx} \right).$$

**87.** La composante $B''$ de l'action du plan normal à $x$ projetée sur $y$ est égale à l'action du plan normal à $y$ projetée sur $x$; ainsi les seconds membres de la seconde et de la quatrième des équations (20) doivent être égaux.

Or, dans la quatrième équation, c'est $y$ qui reste constamment positif, tandis que $x$ et $z$ varient entre $-1$ et $+1$, et l'on reconnaît aisément que la seule intégrale qui ne s'annule pas est celle qui a pour coefficient $\gamma'$ et dont la valeur numérique est $\tfrac{2}{15}\varpi$. Ainsi les seconds membres des deux équations qui font connaître la valeur de $B''$ conduisent aux mêmes résultats, ce qui confirme le théorème relatif à la réciprocité des actions de deux plans dont chacune est projetée sur la normale à l'autre et qui réduit à six les neuf composantes des actions de trois plans rectangulaires.

On reconnaît de même que les seconds membres de la troisième et de la septième équation conduisent à la même valeur de B', et que les sixième et huitième équations conduisent à la même valeur de B, savoir

$$B = \tfrac{2}{15}\, \varpi\, mr^2 \left( \frac{dv}{dz} + \frac{dw}{dy} \right).$$

La composante normale A', donnée par la cinquième équation (20), ne renfermera que les trois premières intégrales, les trois autres étant égales à zéro. En se reportant au calcul de la composante A, on trouve immédiatement, pour les valeurs de ces trois intégrales,

$$\int\int y\, r^2\, dx\, dz = \tfrac{2}{15}\, \varpi,$$

$$\int\int y^3\, dx\, dz = \tfrac{2}{3}\, \varpi,$$

$$\int\int y\, z^2\, dx\, dz = \tfrac{2}{15}\, \varpi.$$

Enfin les intégrales qui ne s'annulent pas dans la valeur de la composante A'' donnée par la neuvième équation (20) sont encore les trois premières et ont les valeurs suivantes :

$$\int\int z\, r^2\, dx\, dy = \tfrac{2}{15}\, \varpi,$$

$$\int\int z\, y^2\, dx\, dy = \tfrac{2}{15}\, \varpi,$$

$$\int\int z^3\, dx\, dy = \tfrac{2}{3}\, \varpi.$$

Nous pouvons donc maintenant former le tableau des trois composantes normales et des trois composantes tangentielles des actions de nos trois plans coordonnés. Nous désignerons par une seule lettre $e$ le produit constant $\frac{2}{15}\pi m r^2$ et nous aurons, en tenant compte de ce qui a été dit au n° **82** sur le signe de la constante $e$,

$$
(22)\quad
\left\{
\begin{aligned}
A &= -e\left(3\frac{du}{dx} + \frac{dv}{dy} + \frac{dw}{dz}\right),\\
A' &= -e\left(\frac{du}{dx} + 3\frac{dv}{dy} + \frac{dw}{dz}\right),\\
A'' &= -e\left(\frac{du}{dx} + \frac{dv}{dy} + 3\frac{dw}{dz}\right);\\
B &= -e\left(\frac{dv}{dz} + \frac{dw}{dy}\right),\\
B' &= -e\left(\frac{du}{dz} + \frac{dw}{dx}\right),\\
B'' &= -e\left(\frac{du}{dy} + \frac{dv}{dx}\right).
\end{aligned}
\right.
$$

Il est évident que nous aurions pu faire une convention contraire au sujet de la règle du n° **72**. Les seconds membres des équations précédentes auraient été alors positifs. Nous ne voyons pas de motif de préférer une convention à l'autre; mais il était indispensable d'en faire une.

Nous avons annoncé (n° **80**) que les axes de la surface représentée par l'équation ($a$) coïncidaient avec les directions de ceux de la surface indicatrice. En effet, la détermination de ces axes s'obtient par la résolution du système suivant :

$$
(b)\quad
\left\{
\begin{aligned}
&(A_1 - S_1)a + B''_1 b + B'_1 c = 0,\\
&B''_1 a + (A'_1 - S_1)b + B_1 c = 0,\\
&B'_1 a + B_1 b + (A''_1 - S_1)c = 0,\\
&a^2 + b^2 + c^2 = 1.
\end{aligned}
\right.
$$

En comparant les éléments $A_1$, $A'_1$, ... avec les éléments A, A', ... des formules (22) qui précèdent, on trouve qu'ils leur sont liés par les relations

$$A_1 = -\frac{1}{2}\left(\frac{A}{c} + 0\right), \quad A'_1 = -\frac{1}{2}\left(\frac{A'}{c} + 0\right), \quad A''_1 = -\frac{1}{2}\left(\frac{A''}{c} + 0\right);$$

$$2B_1 = -\frac{B}{c}, \quad 2B'_1 = -\frac{B'}{c}, \quad 2B''_1 = -\frac{B''}{c}.$$

En substituant les valeurs précédentes dans $(b)$, multipliant tous les termes par $-2c$ et posant

$$0c + 2cS_1 = -S,$$

les trois premières équations $(b)$ deviennent identiques aux trois premières équations $(9)$ du n° **77**. Elles conduiront par conséquent, avec la quatrième

$$a^2 + b^2 + c^2 = 1.$$

aux mêmes systèmes de valeurs de $a$, $b$, $c$ et S.

Ainsi les axes de la surface $(a)$ coïncident avec les directions des axes de la surface indicatrice, et quant aux éléments $S_1$, $S'_1$, $S''_1$, qui sont en raison inverse des carrés des axes de la surface $(a)$, ils sont liés avec les actions principales S, S$'$, S$''$ de la surface indicatrice par la relation

$$S = -2cS_1 - 0c,$$

qui s'applique à chacun d'eux et à l'action correspondant au même axe.

S'il s'est produit une variation de température entre les états initial et final du milieu solide, j'appelle $\tau$ le coefficient de dilatation linéaire de ce milieu correspondant à l'accroissement de température qui s'est produit. L'accroissement $\delta ds$ de la distance MM$'$ de deux molécules sera la somme de deux variations, l'une, $\delta_1 ds$, due aux forces, et l'autre, D, à la température. Celle-ci aurait été égale à $\tau ds$ si le solide avait pu se dilater en toute liberté, et les déplacements de molécules qui en seraient résultés n'auraient en rien modifié la force $f$ résultante des actions mutuelles d'une file de molécules, développée par les déplacements dus à des forces extérieures. Si des obstacles s'opposent à la dilatation, elle sera généralement différente de $\tau\, ds$. Nous l'avons nommée D. Les différences $D - \tau\, ds$ seront des déplacements de molécules produits par les obstacles et ils développeront, comme les déplacements $\delta_1\, ds$ dus aux forces extérieures, une résultante de même nature que $f$ et qui s'ajoutera à cette force. La formule (16) du n° **82** devra donc être modifiée en remplaçant $\delta\, ds$ par $\delta_1\, ds + D - \tau\, ds$. Mais

$$\delta_1\, ds + D = \delta\, ds.$$

On aura donc

$$f = c\left(\frac{\delta\, ds}{ds} - \tau\right).$$

Les formules (20) contiendront chacune un terme en $\tau$, dont on voit aisément la composition. L'intégration l'annule pour les actions tangentielles B, B', B", et le rend égal à $-\frac{2}{3}\varpi\, mr^2\tau$ pour les actions normales A, A', A".

Or

$$\tfrac{2}{3}\varpi\, mr^2\tau = -5c\tau \quad (\text{n° } 87).$$

Les formules (22) deviennent donc

$$\left\{
\begin{aligned}
A &= -c\left(3\frac{du}{dx} + \frac{dv}{dy} + \frac{dw}{dz} - 5\tau\right),\\[4pt]
A' &= -c\left(\frac{du}{dx} - 3\frac{dv}{dy} + \frac{dw}{dz} - 5\tau\right),\\[4pt]
A'' &= -c\left(\frac{du}{dx} - \frac{dv}{dy} + 3\frac{dw}{dz} - 5\tau\right);\\[4pt]
B &= -c\left(\frac{dw}{dy} + \frac{dv}{dz}\right),\\[4pt]
B' &= -c\left(\frac{du}{dz} - \frac{dw}{dx}\right),\\[4pt]
B'' &= -c\left(\frac{dv}{dx} + \frac{du}{dy}\right).
\end{aligned}
\right.\tag{1}$$

Si les déplacements $u$, $v$, $w$ satisfont aux conditions $u = \tau x$, $v = \tau y$, $w = \tau z$, et que $\tau$ soit la dilatation due à la température, les valeurs $(t)$ de $\mathrm{A}$, $\mathrm{A}'$, ... sont nulles, ce qui doit être, puisque les déplacements sont dus à l'effet de la température seule, sans que cet effet ait été modifié par des obstacles.

Les équations (5) du n° 76 et (22) du n° 87 sont les équations générales moléculaires de l'équilibre statique des milieux solides homogènes. Elles sont au nombre de neuf et contiennent neuf fonctions inconnues $\mathrm{A}$, $\mathrm{A}'$, $\mathrm{A}''$, $\mathrm{B}$, $\mathrm{B}'$, $\mathrm{B}''$, $u$, $v$, $w$ des trois variables indépendantes $x$, $y$, $z$. Elles permettent donc de mettre en équation tous les problèmes relatifs à l'élasticité des corps solides dont les molécules sont en repos. Pour résoudre les problèmes analogues dans le cas où les molécules accomplissent des mouvements vibratoires, il faudra remplacer, dans les équations (5), en vertu du théorème de d'Alembert, les composantes $\mathrm{X}_0$, $\mathrm{Y}_0$, $\mathrm{Z}_0$ de l'accélération de l'élément de masse que produiraient les forces extérieures par les composantes

$$\mathrm{X}_0 - \frac{d^2 u}{dt^2}, \quad \mathrm{Y}_0 - \frac{d^2 v}{dt^2}, \quad \mathrm{Z}_0 - \frac{d^2 w}{dt^2}$$

de l'accélération perdue par cette même masse ; on obtiendra ainsi les trois équations

$$(23) \quad \begin{cases} \dfrac{d\mathrm{A}}{dx} + \dfrac{d\mathrm{B}''}{dy} + \dfrac{d\mathrm{B}'}{dz} + \rho\left(\mathrm{X}_0 - \dfrac{d^2 u}{dt^2}\right) = 0, \\[2ex] \dfrac{d\mathrm{B}''}{dx} + \dfrac{d\mathrm{A}'}{dy} + \dfrac{d\mathrm{B}}{dz} + \rho\left(\mathrm{Y}_0 - \dfrac{d^2 v}{dt^2}\right) = 0, \\[2ex] \dfrac{d\mathrm{B}'}{dx} + \dfrac{d\mathrm{B}}{dy} + \dfrac{d\mathrm{A}''}{dz} + \rho\left(\mathrm{Z}_0 - \dfrac{d^2 w}{dt^2}\right) = 0. \end{cases}$$

Les équations (22) et (23) sont aussi au nombre de neuf et contiennent neuf fonctions inconnues $\mathrm{A}$, $\mathrm{A}'$, $\mathrm{A}''$, $\mathrm{B}$, $\mathrm{B}'$,

B″, $u$, $v$, $w$ des quatre variables indépendantes $x$, $y$, $z$, $t$. Ce sont les équations indéfinies de l'équilibre moléculaire dynamique des milieux solides homogènes.

## ARTICLE IV.

### APPLICATION DES ÉQUATIONS QUI PRÉCÈDENT A QUATRE CAS PARTICULIERS.

*Solide recevant une pression ou traction normale uniformément répartie sur toute sa surface extérieure.*

**88.** Supposons que les forces extérieures aient produit des déplacements absolus de molécules représentés par les fonctions

$$(1) \qquad \begin{cases} u = a\,x, \\ v = a\,y, \\ w = a\,z, \end{cases}$$

dans lesquelles nous supposerons $a$ positif.

L'origine des coordonnées est restée la même et le solide déformé est homothétique du solide primitif, le centre d'homothétie étant situé à l'origine. Les composantes des actions de trois plans parallèles aux plans coordonnés passant par un point M du milieu solide dont les coordonnées sont $x$, $y$, $z$, données par les formules (22), seront

$$\begin{aligned} & \mathrm{A} = -5\,ea, & \mathrm{B} &= 0, \\ & \mathrm{A'} = -5\,ea, & \mathrm{B'} &= 0, \\ & \mathrm{A''} = -5\,ea, & \mathrm{B''} &= 0. \end{aligned}$$

Ces valeurs, étant indépendantes des coordonnées du point M, sont les mêmes en tous les points du milieu solide, sans excepter les points de la surface extérieure. En chaque point M du milieu, les trois actions principales

S, S', S" sont égales à la valeur commune $-5ea$ de A, A', A". La surface indicatrice représentée par l'équation (11) est une sphère. L'action d'un rayon quelconque, dont les composantes sont données par les formules (12) à la valeur $S = -5ea$, est dirigée dans le sens diamétralement opposé à ce rayon et représente par suite une traction (nº **72**).

En prenant pour le point M le centre d'un élément $\omega$ situé à la surface extérieure du solide, on en conclut que cet élément est tiré de dedans en dehors par une force $5ea\omega$. Donc les forces extérieures doivent consister dans une traction normale égale à $5ea$ par unité de surface, appliquée à toute l'enveloppe extérieure du solide, pour que les déplacements $u$, $v$, $w$ soient donnés par les formules (1).

La somme $\dfrac{du}{dx} + \dfrac{dv}{dy} + \dfrac{dw}{dz}$ est égale à la variation de l'unité de volume du solide, car les dimensions $dx$, $dy$, $dz$ du parallélépipède rectangle placé en M (*fig.* 3) sont devenues

$$dx\left(1 + \frac{du}{dx}\right), \quad dy\left(1 + \frac{dv}{dy}\right), \quad dz\left(1 + \frac{dw}{dz}\right)$$

et, les dérivées $\dfrac{du}{dx}$, $\dfrac{dv}{dy}$, $\dfrac{dw}{dz}$ étant très petites par rapport à l'unité, on peut négliger leurs produits par rapport à leurs premières puissances.

Nous représenterons cette variation de volume ou dilatation cubique par $\theta$.

Dans le cas actuel, on a

$$\theta = 3a,$$

et, si l'on pouvait déterminer par une expérience la dilatation $\theta$ de volume produite par une traction normale uniforme S donnée, s'exerçant sur toute la surface extérieure d'un solide, on connaîtrait les deux quantités $\theta = 3a$, $S = 5ca$, ce qui permettrait de calculer le coefficient

$$c = \frac{3S}{5\theta}.$$

### Prisme comprimé perpendiculairement à ses bases.

**89.** Supposons que le solide donné soit un prisme droit ayant sa base supérieure sur le plan $xy$ et ses arêtes parallèles à l'axe des $z$. Supposons, en outre, que les forces extérieures soient telles que les déplacements absolus $u$, $v$, $w$ soient représentés par les équations

$$(1) \qquad \begin{cases} u = \alpha x, \\ v = \alpha y, \\ w = -\gamma z, \end{cases}$$

les coefficients $\alpha$ et $\gamma$ étant positifs. En un point quelconque, les composantes normales et tangentielles des actions de trois plans parallèles aux plans coordonnés, données par les formules (22), seront

$$A = -(4\alpha - \gamma)e,$$
$$A' = -(4\alpha - \gamma)e,$$
$$A'' = -(2\alpha - 3\gamma)e,$$
$$B = 0,$$
$$B' = 0,$$
$$B'' = 0.$$

Les composantes indépendantes des coordonnées sont donc les mêmes en tous les points, tant intérieurs que superficiels.

Les actions des plans coordonnés étant normales à ces plans sont les actions principales $S$, $S'$, $S''$, dont deux sont égales entre elles, et la surface indicatrice donnée par l'équation (11) est de révolution autour d'une droite parallèle à l'axe des $z$.

Dans le cas où les deux constantes $\alpha$ et $\gamma$ satisfont à la condition

$$4\alpha - \gamma = 0,$$

$A$ et $A'$ sont nuls, et les équations (12), dans lesquelles $S$, $S'$ et $S''$ doivent être remplacés par $A = 0$, $A' = 0$, $A'' = (3\gamma - 2\alpha)c$, montrent que les actions de tout rayon perpendiculaire à l'axe des $z$, dont le cosinus $c$ est par conséquent égal à zéro, ont leurs trois composantes nulles.

Il en résulte que les faces latérales du prisme ne reçoivent ni pression ni traction.

La quantité $S'' = A'' = (3\gamma - 2\alpha)c$, dans laquelle $\alpha$ est remplacé par sa valeur tirée de la condition $4\alpha - \gamma = 0$, devient

$$S'' = \frac{5}{2}\gamma c.$$

Cette valeur, étant positive, représente une pression (n° 79).

En y mettant, à la place du cosinus $c$, la valeur qui convient à un élément $\omega$, de la base supérieure du prisme, c'est-à-dire $c = +1$, on obtient pour l'action de cet élément, qui se réduit à la composante verticale $Z$,

$$Z = \frac{5}{2}\gamma c.$$

Cette force, étant positive, est dirigée de haut en bas, ce qui correspond au cas d'une pression.

Pour un élément de la base inférieure, on aurait $c = -1$; l'action serait négative et dirigée par suite de bas en haut.

Il y aurait donc également pression sur cette base.

L'intensité de cette pression, qui est la même sur les deux bases, est égale à $\frac{5}{2}\gamma c$ par unité de surface, et, en la désignant par P, on a

$$P = \frac{5}{2}\gamma c.$$

Si l'on détermine par l'expérience les quantités P et $\gamma$, cette équation fera connaître la valeur du coefficient $c$, et si l'on a déjà déterminé ce coefficient par la première méthode expérimentale que nous avons indiquée, on pourra reconnaître, par la comparaison des deux valeurs de $c$ ainsi obtenues, si la théorie s'accorde suffisamment avec l'expérience.

Le rapport $\frac{P}{\gamma}$ est la quantité appelée *coefficient d'élasticité longitudinale* dans les questions de résistance des matériaux. Elle est représentée ordinairement par la lettre E.

On conclut donc de la formule $P = \frac{5}{2}\gamma c$ que les coefficients E et $c$ sont liés par la relation

$$(2) \qquad E = \frac{5}{2} c.$$

Dans le cas que nous venons d'examiner, la surface indicatrice, ayant deux diamètres principaux infinis, se réduit à l'ensemble de deux plans menés normalement aux extrémités du troisième, $= \frac{1}{\sqrt{S''}}$. Soient AB, CD ( *fig.* 6) les intersections de ces plans par un plan diamétral qui leur est perpendiculaire et qui contient le rayon MF, donné de direction, auquel est normal l'élément plan $\omega$ dont on veut déterminer l'action. MF est égal à $\frac{1}{\sqrt{S''}}$ ; ME est l'inverse de la racine carrée de la projection, de l'action cherchée F, sur le rayon ME. Désignant par $\alpha$ l'angle EMF, cette projection est $F \cos \alpha$, car le plan tangent à la surface indicatrice, en E, n'étant autre chose que le plan AB, la droite MF représente la direction de l'action cherchée,

Fig. 6.

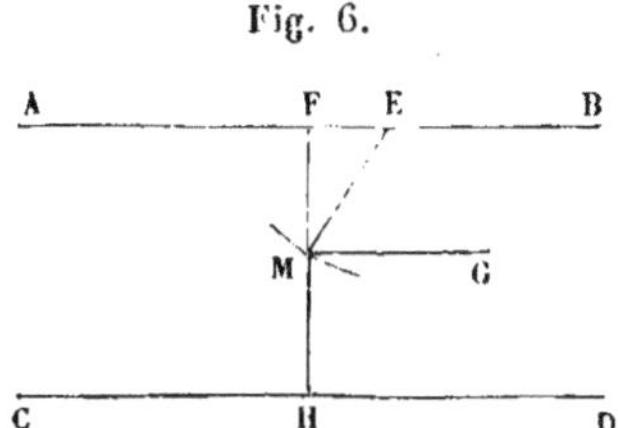

direction qui est la même pour tous les éléments $\omega$, quelle que soit leur orientation.

Ainsi, $F \cos \alpha = \dfrac{1}{\overline{ME}^2}$; mais l'hypoténuse $ME = \dfrac{MF}{\cos \alpha}$, donc

$$F = \frac{\cos \alpha}{\overline{MF}^2}, \quad \text{ou bien} \quad F = S'' \cos \alpha.$$

Cette formule montre de quelle manière varie l'intensité de l'action d'un rayon avec son inclinaison sur l'axe vertical FH. Si le rayon est horizontal, $\alpha = 90°$, et l'action est nulle. Ainsi tout plan vertical est dépourvu d'action, c'est-à-dire qu'il n'éprouve ni pression, ni traction, ni effort de glissement.

L'action du rayon ME, dont l'intensité est $S'' \cos \alpha$, étant dirigée suivant MF, ses composantes normale et tangentielle à l'élément $\omega$ sont $S'' \cos^2 \alpha$ et $S'' \sin \alpha \cos \alpha$. Cette dernière, nulle pour $\alpha = 0$ et $\alpha = 90°$, atteint un maximum $\dfrac{S''}{2}$ pour $\alpha = 45°$. Il faut attribuer à l'existence de ce maximum d'effort de glissement la disposition des surfaces de rupture d'un échantillon de forme cubique, par exemple (*fig.* 7), dont on veut déterminer la charge d'écrasement.

4

La pression étant exercée sur la face AB, l'échantillon se brise en six pyramides ayant les faces du cube pour

Fig. 7.

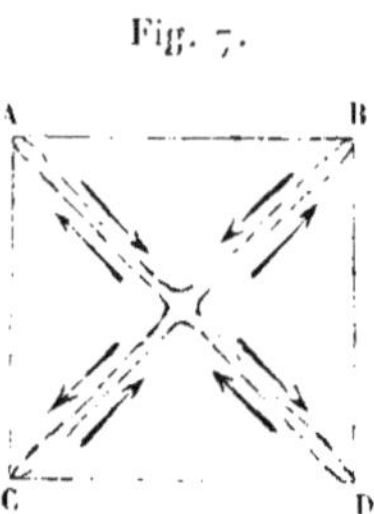

bases et son centre pour sommet commun. Les flèches indiquent les directions relatives des glissements.

### Torsion d'un prisme.

90. Supposons que les déplacements absolus produits par les forces extérieures soient des fonctions données par les équations suivantes :

$$(1) \qquad \begin{cases} u = \alpha y z, \\ v = -\alpha x z, \\ w = 0, \end{cases}$$

dans lesquelles $\alpha$ est positif.

Le solide PQ (*fig.* 8) aura éprouvé une torsion autour de l'axe des $z$. En effet, tous les points situés dans le plan $xy$, pour lesquels $z = 0$, sont restés dans leur position primitive. Un point quelconque M, ayant pour ordonnée $z$, situé sur une circonférence de cercle horizontal, ayant son centre en A, sur l'axe des $z$, et un rayon AM égal à $r = \sqrt{x^2 + y^2}$, aura décrit un petit arc de cette circonférence proportionnel à $z$ et égal à $\alpha z r$.

N'oublions pas que la rotation du rayon AM autour du

point A est prise positivement, quand elle est semblable à
celle des aiguilles d'une montre pour un spectateur placé
à l'extrémité du demi-axe positif des $z$ et tourné vers l'o-
rigine O.

Fig. 8.

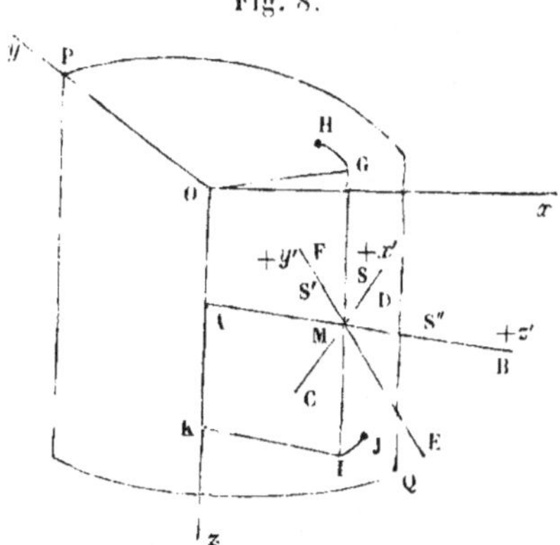


Les équations (22), n° **87**, donnent, eu égard aux équations (1), pour les composantes des actions de trois rayons
parallèles aux axes des coordonnées menés par le point M :

$$(2) \qquad \begin{cases} A = 0, & B = + e\alpha x, \\ A' = 0, & B' = - e\alpha y, \\ A'' = 0, & B'' = 0. \end{cases}$$

Ces composantes étant indépendantes de $z$ sont les
mêmes en tous les points d'une même droite parallèle à
l'axe des $z$. Cherchons ce que devient, dans ce cas, la surface indicatrice au point M.

En introduisant ces valeurs (2) dans les équations (9)
du n° **79**, j'obtiens

$$(3) \qquad \begin{cases} aS + e\alpha y c = 0, \\ bS - e\alpha x c = 0, \\ cS + e\alpha y a - e\alpha x b = 0, \\ a^2 + b^2 + c^2 = 1. \end{cases}$$

L'équation du troisième degré en S résultant de l'élimination des deux rapports $\dfrac{a}{c}$, $\dfrac{b}{c}$, entre les trois premières équations, savoir

$$(S - A)(S - A')(S - A'')$$
$$- B^2(S - A) - B'^2(S - A') - B''^2(S - A'') - 2BB'B'' = 0.$$

se réduit ici à

$$S^3 - B^2 S - B'^2 S = 0.$$

Les trois racines S, S', S'' sont donc

$$S = + e\varkappa\sqrt{x^2 + y^2} = + e\varkappa r.$$
$$S' = - e\varkappa\sqrt{x^2 + y^2} = - e\varkappa r,$$
$$S'' = 0.$$

A chacune d'elles correspond une direction $(a, b, c)$ déterminée par deux équations prises parmi les trois premières combinées avec $a^2 + b^2 + c^2 = 1$.

Pour obtenir la direction de l'action principale

$$S = + e\varkappa r,$$

il faut mettre cette valeur de S dans les deux premières et l'on obtient

$$(4)\qquad \begin{cases} \dfrac{a}{c} = -\dfrac{y}{r}, \\[2mm] \dfrac{b}{c} = +\dfrac{x}{r}. \end{cases}$$

Mettant dans la quatrième les valeurs de $a$ et $b$, tirées de ces deux dernières, il en résulte

$$(5)\qquad c = \pm\sqrt{\dfrac{1}{2}}.$$

$\sqrt{\dfrac{1}{2}}$ étant le cosinus de $45°$, l'action principale $S = + e\varkappa r$ fait un demi-angle droit avec l'axe des $z$. De plus, le rapport $\dfrac{b}{a}$ étant égal à $-\dfrac{x}{y}$, sa projection sur le plan $xy$ est perpendiculaire au premier axe MA, dont le coefficient angulaire dans ce plan coordonné est $\dfrac{y}{x}$.

Ainsi, l'action principale dont il s'agit est située dans un plan perpendiculaire à MA et fait un angle de 45° avec l'axe des $z$.

Deux droites CD, EF satisfont à ces conditions.

Elles sont perpendiculaires entre elles et leur angle a pour bissectrice une parallèle MG à l'axe des $z$. Celle des deux qui correspond à l'action $S = + exr$ a pour cosinus les valeurs [formules (4) et (5)], dans lesquelles on prendra $c$ indifféremment avec sa valeur positive ou négative. La première donnera l'une des moitiés de la droite située d'un côté du point M et la seconde l'autre moitié.

Je prends, par exemple, la valeur positive $c = + \sqrt{\dfrac{1}{2}}$, d'où résulte

$$ a = -\frac{y}{r}\sqrt{\frac{1}{2}}, \quad b = \frac{x}{r}\sqrt{\frac{1}{2}}. $$

$x$ et $y$ étant positifs, comme cela a lieu pour le point M de la *fig.* 6, $a$ est négatif, $b$ et $c$ positifs, et le rayon qui correspond à ces valeurs est MC. Le rayon opposé MD serait donné par la valeur $c = -\sqrt{\dfrac{1}{2}}$.

Ainsi CD est l'axe de la surface indicatrice correspondant à l'action $S = + exr$, et, comme cette action est positive, c'est une pression qui a lieu suivant cet axe (n° 79).

La direction de la deuxième action principale $S' = - exr$ aura évidemment pour cosinus les valeurs obtenues en prenant celles de l'un des rayons MC ou MD, dans lesquelles on changera les signes de $a$ et $b$ en conservant celui de $c$, ou bien on conservera les signes de $a$ et $b$ en changeant celui de $c$. On obtiendra ainsi les deux moitiés ME, MF de la droite EF, suivant laquelle il existe une traction, puisque l'action principale correspondante est négative.

On pouvait reconnaître *a priori* qu'il existait une pression suivant la droite CD et une traction suivant EF. En effet, l'ordonnée $z$ du point D étant plus petite que celle de C, l'arc décrit par ce dernier point en vertu de la torsion est plus grand que celui de D, et la droite CD s'est raccourcie; on verrait par la même raison que la droite FE a éprouvé une extension. Il ne faut pas perdre de vue que les droites CD, EF sont supposées infiniment petites.

Enfin la direction $(a, b, c)$ de l'axe de l'ellipsoïde qui correspond à $S = o$ s'obtient en substituant cette valeur $S = o$ dans la première et la troisième équation (3), qui donnent alors

$$c = o, \quad ay - bx = o.$$

L'équation $a^2 + b^2 + c^2 = 1$ se réduit à $a^2 + b^2 = 1$, et les valeurs de $a$ et $b$ sont

$$a = \pm \frac{x}{r},$$

$$b = \pm \frac{y}{r}.$$

Cette direction $a$, $b$, $c$ est celle d'une perpendiculaire abaissée du point M sur l'axe $z$. C'est le rayon AM (*fig.* 6) avec son prolongement MB de l'autre côté du point A.

Les demi-axes de la surface indicatrice sont $\frac{1}{\sqrt{S}}$, $\frac{1}{\sqrt{-S}}$ et o, dans lesquelles $S = ezr$. Son équation est

$$(6) \qquad S x^2 - S y^2 = \pm 1.$$

C'est celle d'une surface cylindrique dont la section par le plan $xy$ (*fig.* 9), perpendiculaire aux génératrices, est l'ensemble de deux hyperboles équilatères conjuguées. Ce plan est identique au plan $y'Mx'$ de la *fig.* 8. Le demi-axe OA représente une pression, OB représente une traction. Leur valeur commune est $\dfrac{1}{\sqrt{S}}$. Soient OC la projection d'un rayon quelconque OD, faisant avec elle un angle $\delta$; $\beta$ l'angle COA. Le plan tangent au cylindre au point

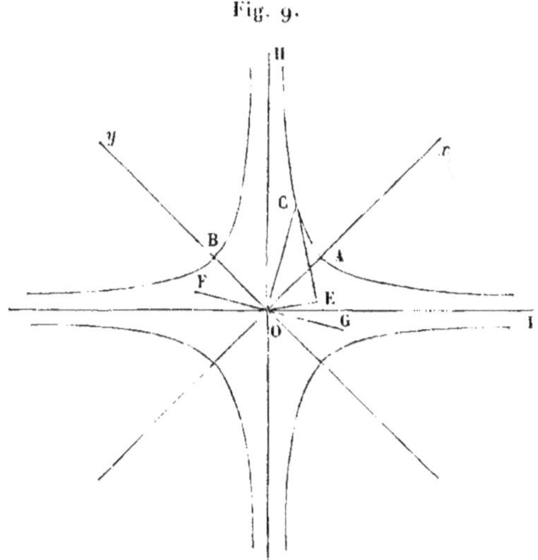

Fig. 9.

D est normal à la direction de l'action de OD. Cette direction est donc la droite OE perpendiculaire à la tangente CE. Elle est commune aux actions de tous les plans menés suivant FG perpendiculaire à OC, ou encore à tous les rayons projetés sur OC. Appelons $\gamma$ l'angle de OD avec la direction OE de son action. Dans l'hyperbole équilatère, un demi-diamètre et la normale à son extrémité sont également inclinés sur l'axe. L'angle COE est donc égal à $2\beta$. Le triangle sphérique rectangle dont les sommets sont situés sur les rayons OD, OC, OE, et dans lequel l'arc $\gamma$ est l'hypoténuse, donne la relation

$$\cos \gamma = \cos \delta \cos 2\beta.$$

Ainsi, nous connaissons la composante normale de l'action de OD, et l'angle $\gamma$ qu'elle fait avec cette action. Appelons F cette dernière, on a donc

$$F \cos \gamma = \frac{1}{\overline{OD}^2}.$$

Le triangle OCD donne

$$OD = \frac{OC}{\cos \delta},$$

et le demi-diamètre OC satisfait à la relation

$$\overline{OC}^2 = \frac{1}{S \cos^2 \beta},$$

que fournit l'équation (6) en y remplaçant $x$ et $y$ par $\overline{OC} \cos \beta$, $\overline{OC} \sin \beta$. Remplaçant $\overline{OC}$, $\overline{OD}$ et $\cos \gamma$ par leurs valeurs, on obtient

$$\overline{OD}^2 = \frac{1}{S \cos^2 \delta \cos 2\beta}, \quad F \cos \delta \cos 2\beta = S \cos^2 \delta \cos 2\beta,$$

d'où

$$F = S \cos \delta.$$

Cette valeur étant indépendante de $\beta$, il en résulte que tous les rayons également inclinés sur l'axe AMB de la *fig.* 8 ou l'axe $z$ de la *fig.* 9 ont même action, mais non pas même obliquité d'action $\gamma$. Pour $\delta = 0$, ces rayons sont normaux à cet axe et leur action $F = S$ est commune à tous les plans conduits suivant AMB. Si $\delta = 90°$, l'action est celle du plan $xy$, et, sa valeur étant nulle, ce plan est par suite dénué d'action. Si le rayon coïncide avec une asymptote, son action qui lui est normale est située dans le plan qui la produit. On voit donc que le plan perpendiculaire à l'axe de torsion et le plan conduit suivant cet axe sont des plans où n'existe qu'un effort tangentiel égal à S. Cet effort de glissement étant plus grand que sur tout autre plan, on doit les considérer comme des plans de plus facile rupture.

La relation analytique entre $a$, $b$, $c$, X, Y, Z, qui consiste dans les équations (4), nº 75, est ici

$$X = -ce\alpha y,$$
$$Y = +ce\alpha x,$$
$$Z = -ae\alpha y + be\alpha x.$$

Un rayon mené parallèlement à l'axe des $z$ et dans le sens positif ayant pour cosinus $a = 0$, $b = 0$, $c = +1$, son action a pour composantes

$$X = -e\alpha y,$$
$$Y = +e\alpha x,$$
$$Z = 0.$$

Si le point M dont les coordonnées sont $x$, $y$, $z$ est pris en G, par exemple, sur la base du prisme placée dans le plan $xy$, l'action plane de ce rayon, toujours appliquée à la partie du milieu située du même côté que lui, est donc appliquée au prisme et provient par suite de forces extérieures.

Sa direction dans le plan $xy$ est perpendiculaire au rayon OG, auquel elle tend à imprimer une rotation négative, dans laquelle le point G décrirait l'arc GH.

Si le point M était pris en I sur la base inférieure du prisme, et que le rayon fût dirigé comme le demi-axe négatif des $z$, on aurait $a = 0$, $b = 0$, $c = -1$. L'action de ce rayon serait égale et de sens contraire à celle du rayon précédent. Elle serait appliquée à la partie du milieu située au-dessus de la base inférieure, c'est-à-dire au prisme, et agirait dans le plan de cette base perpendiculairement au rayon KI, dont le point I tendrait à décrire l'arc IJ. Cette force proviendrait de causes extérieures. Ses composantes, pour l'élément superficiel $\omega$, seraient

$$X = + e z y \omega, \quad Y = - e z x \omega, \quad Z = o.$$

Sa résultante circulaire, par rapport à l'axe KO, serait égale à

$$r \omega \sqrt{X^2 + Y^2} \quad \text{ou} \quad e z r^2 \omega.$$

La somme des résultantes analogues pour tous les éléments différentiels $\omega$ de la base inférieure du prisme est l'intégrale double $\iint e z r^2 \, dx \, dy$. C'est le moment d'inertie polaire de la base du prisme par rapport au point K, multiplié par $ez$. Cette somme étant désignée par M et ce moment par I, on a donc

$$(\text{S}) \qquad\qquad M = e z I.$$

Si l'on détermine par une expérience les quantités M et $z$, I étant calculé d'après la figure de la base du prisme, cette équation (S) permettra d'obtenir une nouvelle valeur du coefficient $e$.

Ce coefficient n'est autre chose que la quantité G appelée *coefficient d'élasticité transversale* ou *de torsion* dans les traités de résistance des matériaux. Or, E et $e$ étant liés par l'équation (2), n° 89, il en résulte

$$G = \frac{2}{5} E.$$

Le rapport $\dfrac{G}{E}$ n'a pas encore été déterminé par l'expérience avec certitude. Quelques observations ont donné.

pour le cuivre,

$$\frac{G}{E} = 0,395;$$

pour le bois de chêne et de sapin,

$$\frac{G}{E} = 0,416.$$

valeurs, il est vrai, très peu différentes de la valeur théorique précédente $0,40$; mais des expériences relatives au fer forgé ont donné seulement

$$\frac{G}{E} = 0,30, \quad \frac{G}{E} = 0,33;$$

d'autres, relatives à l'acier fondu, ont donné

$$\frac{G}{E} = 0,33.$$

Enfin, des expériences relatives à la fonte de fer ont donné des résultats encore plus éloignés de la valeur théorique, savoir

$$\frac{G}{E} = 0,25, \quad \frac{G}{E} = 0,275.$$

Mais les expériences d'où nous avons déduit les valeurs précédentes n'ont pas été exécutées en vue de la détermination du rapport des deux coefficients. Les valeurs de E et de G, ainsi obtenues, sont relatives à des échantillons différents d'une même substance.

Pour obtenir avec certitude le rapport $\frac{G}{E}$, il conviendrait d'exécuter sur le même échantillon les trois expériences que nous avons indiquées n°ˢ **88, 89** et **90**.

*Écorce sphérique d'épaisseur constante recevant une pression uniforme sur sa surface intérieure seulement.*

91. Si cette pression uniforme était appliquée à la surface extérieure de cette écorce comme à la surface intérieure, ce cas rentrerait dans celui du n° 88.

Soient (*fig.* 10)

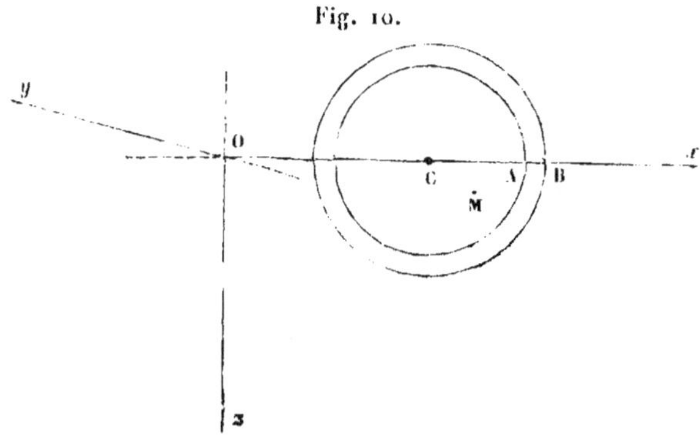

Fig. 10.

M un point quelconque de l'écorce solide;

$x$, $y$, $z$ ses coordonnées rapportées aux axes rectangulaires $Ox$, $Oy$, $Oz$;

$r$ sa distance au centre C de la sphère;

R et R' les rayons intérieur et extérieur de l'écorce.

La pression intérieure a produit des déplacements moléculaires, tels que tous les points du solide se sont éloignés du centre, en restant sur le même rayon, et que tous ceux qui étaient à la même distance du centre en sont encore également éloignés.

Les trois déplacements $u$, $v$, $w$ du point M sont donc proportionnels à $x$, $y$, $z$ et, si $\delta r$ désigne le déplacement

·du point M suivant le rayon, on a

$$\frac{u}{x} = \frac{v}{y} = \frac{w}{z} = \frac{\delta r}{r},$$

$\delta r$ étant une fonction inconnue de $r$.

Les trois déplacements $u$, $v$, $w$ sont donc

$$u = \frac{x}{r}\,\delta r,$$

$$v = \frac{y}{r}\,\delta r,$$

$$w = \frac{z}{r}\,\delta r$$

ou, en désignant par $\varphi$ la fonction de $r$ égale à $\dfrac{\delta r}{r}$,

$$(1) \qquad \begin{cases} u = x\varphi, \\ v = y\varphi, \\ w = z\varphi. \end{cases}$$

Je substitue ces valeurs dans les formules (22) du n° 87 et j'obtiens

$$(2) \qquad \begin{cases} A = -e\left(5\varphi + 3x\dfrac{d\varphi}{dx} + y\dfrac{d\varphi}{dy} + z\dfrac{d\varphi}{dz}\right), \\[2mm] A' = -e\left(5\varphi + x\dfrac{d\varphi}{dx} + 3y\dfrac{d\varphi}{dy} + z\dfrac{d\varphi}{dz}\right), \\[2mm] A'' = -e\left(5\varphi + x\dfrac{d\varphi}{dx} + y\dfrac{d\varphi}{dy} + 3z\dfrac{d\varphi}{dz}\right); \\[2mm] B = -e\left(y\dfrac{d\varphi}{dz} + z\dfrac{d\varphi}{dy}\right), \\[2mm] B' = -e\left(z\dfrac{d\varphi}{dx} + x\dfrac{d\varphi}{dz}\right), \\[2mm] B'' = -e\left(x\dfrac{d\varphi}{dy} + y\dfrac{d\varphi}{dx}\right). \end{cases}$$

J'exprime les dérivées partielles de $\varphi$ par rapport à $x$, $y$, $z$ au moyen de la dérivée de la même fonction par rapport à $r$, en appliquant la formule de dérivation d'une fonction de fonction

$$\frac{d\varphi}{dx} = \frac{d\varphi}{dr}\,\frac{dr}{dx},$$

et j'obtiens

$$(3)\qquad \begin{cases} \dfrac{d\varphi}{dx} = \dfrac{d\varphi}{dr}\,\dfrac{x}{r}, \\[2mm] \dfrac{d\varphi}{dy} = \dfrac{d\varphi}{dr}\,\dfrac{y}{r}, \\[2mm] \dfrac{d\varphi}{dz} = \dfrac{d\varphi}{dr}\,\dfrac{z}{r}. \end{cases}$$

Je représente par $\varphi'$ la dérivée $\dfrac{d\varphi}{dr}$ et je mets les valeurs (3) dans les formules (2), qui deviennent

$$(4)\quad \begin{cases} A = -e\left[5\varphi + \left(\dfrac{2\,x^2}{r} + r\right)\varphi'\right], \qquad B = -2e\,\dfrac{yz}{r}\,\varphi', \\[3mm] A' = -e\left[5\varphi + \left(\dfrac{2\,y^2}{r} + r\right)\varphi'\right], \qquad B' = -2e\,\dfrac{xz}{r}\,\varphi', \\[3mm] A'' = -e\left[5\varphi + \left(\dfrac{2\,z^2}{r} + r\right)\varphi'\right]; \qquad B'' = -2r\,\dfrac{xy}{r}\,\varphi'. \end{cases}$$

Ces valeurs doivent satisfaire les équations d'équilibre (5) du n° **76**, dans lesquelles on supprime les termes négatifs provenant de la pesanteur, ces termes étant très petits en comparaison des autres.

Avant de faire la substitution, je forme les dérivées partielles

$$\frac{dA}{dx}, \quad \frac{dA'}{dy}, \quad \frac{dA''}{dz}.$$

La première est

$$\frac{dA}{dx} = -e\left[\left(10\,\frac{x}{r} - 2\,\frac{r^3}{r^3}\right)\varphi' + \left(1 + 2\,\frac{x^2}{r^2}\right)x\varphi''\right].$$

Les deux autres s'obtiennent en remplaçant, dans le second membre, $x$ par $y$, puis par $z$.

Il faut former encore les dérivées partielles

$$\frac{dB}{dy},\ \frac{dB}{dz},\ \frac{dB'}{dx},\ \frac{dB'}{dz},\ \frac{dB''}{dx}\ \text{et}\ \frac{dB''}{dy},$$

savoir

$$\frac{dB}{dy} = -2c\left[\left(\frac{z}{r} - \frac{y^2 z}{r^3}\right)\varphi' + \frac{y^2 z}{r^2}\varphi''\right],$$

$$\frac{dB}{dz} = -2c\left[\left(\frac{y}{r} - \frac{z^2 y}{r^3}\right)\varphi' - \frac{z^2 y}{r^2}\varphi''\right],$$

$$\frac{dB'}{dx} = -2c\left[\left(\frac{z}{r} - \frac{x^2 z}{r^3}\right)\varphi' - \frac{x^2 z}{r^2}\varphi''\right],$$

$$\frac{dB'}{dz} = -2c\left[\left(\frac{x}{r} - \frac{z^2 x}{r^3}\right)\varphi' + \frac{z^2 x}{r^2}\varphi''\right],$$

$$\frac{dB''}{dx} = -2c\left[\left(\frac{y}{r} - \frac{x^2 y}{r^3}\right)\varphi' - \frac{x^2 y}{r^2}\varphi''\right],$$

$$\frac{dB''}{dy} = -2c\left[\left(\frac{x}{r} - \frac{y^2 x}{r^3}\right)\varphi' + \frac{y^2 x}{r^2}\varphi''\right].$$

La substitution faite, les équations (5) du n° **76** forme-ront un système de trois équations simultanées, qui ne contiendront que les dérivées $\varphi'$, $\varphi''$ de la fonction $\varphi$ de $r$, relative à $r$, fonction elle-même des trois variables indépendantes $x$, $y$, $z$ combinées avec ces variables. Une quelconque de ces trois équations suffit, à elle seule, pour déterminer la forme de la fonction $\varphi$, puisqu'elle ne contient pas d'autre fonction inconnue. Ces trois équations doivent donc être équivalentes. Or elles se réduisent effectivement, toutes les trois, à l'équation suivante :

$$(5) \qquad \frac{\varphi'}{r} + \varphi'' = 0.$$

Cette équation est satisfaite par

$$\varphi = \frac{c}{r^3} + c',$$

où $c$ et $c'$ sont deux constantes arbitraires.

Pour déterminer ces deux constantes, le problème fournit deux conditions. La première, c'est que la pression intérieure par unité de surface soit une quantité donnée égale à P, et la seconde, c'est que la pression extérieure soit nulle.

La première est l'action plane du rayon $Ax$ ( *fig.* 10 ) au point A, et la seconde celle du rayon $Bx$ au point B. Leurs composantes sont les valeurs de A, B'', B', données par les formules (4) lorsqu'on y met les valeurs des coordonnées des points A et B, savoir

$$x = R, \quad y = 0, \quad z = 0$$

pour le premier, et

$$x = R', \quad y = 0, \quad z = 0$$

pour le second.

Les composantes tangentielles B'', B' s'annulent et les composantes normales sont, la première au point A,

$$A = e\left(\frac{4c}{R^3} - 5c'\right);$$

la seconde au point B, qui s'en déduit en changeant R en R',

$$A = e\left(\frac{4c}{R'^3} - 5c'\right).$$

Les deux équations en $c$ et $c'$ sont donc

$$(8) \qquad \begin{cases} e\left(\dfrac{4c}{R^3} - 5c'\right) = P, \\[2ex] e\left(\dfrac{4c}{R'^3} - 5c'\right) = 0. \end{cases}$$

Elles donnent

$$c = \frac{P}{4e\left(\dfrac{1}{R^3} - \dfrac{1}{R'^3}\right)}, \quad c' = \frac{P}{5e\left(\dfrac{R'^3}{R^3} - 1\right)}.$$

Il en résulte

$$\varphi = \frac{\dfrac{P}{e}}{\dfrac{R'^3}{R^3} - 1}\left(\frac{1}{4}\,\frac{R'^3}{r^3} + \frac{1}{3}\right), \qquad \varphi' = -\,\frac{\dfrac{P}{e}}{\dfrac{R'^3}{R^3} - 1}\,\frac{3}{4}\,\frac{R'^3}{r^3}.$$

En posant, pour abréger,

$$a = \frac{\dfrac{P}{e}}{\dfrac{R'^3}{R^3} - 1}$$

et en introduisant dans les formules (4) du n° 91 les valeurs ci-dessus de $\varphi$ et $\varphi'$, on obtiendra celles des six composantes A, A', A'', B, B', B'' en un point quelconque, en fonction des coordonnées $x$, $y$, $z$ de ce point, savoir

$$A = ae\left(\frac{3\,R'^3\,x^2}{2\,r^5} - \frac{R'^3}{2\,r^3} - 1\right), \qquad B = ae\,\frac{3\,R'^3\,yz}{2\,r^5},$$

$$A' = ae\left(\frac{3\,R'^3\,y^2}{2\,r^5} - \frac{R'^3}{2\,r^3} - 1\right), \qquad B' = ae\,\frac{3\,R'^3\,xz}{2\,r^5},$$

$$A'' = ae\left(\frac{3\,R'^3\,z^2}{2\,r^5} - \frac{R'^3}{2\,r^3} - 1\right); \qquad B'' = ae\,\frac{3\,R'^3\,xy}{2\,r^5}.$$

Dans chacun des points M situés sur les axes coordonnés, deux des éléments $x$, $y$, $z$ étant nuls, les trois actions tangentielles B, B', B'' sont nulles et les axes coordonnés, étant transportés en M, coïncident avec les axes de la surface indicatrice, qui est de révolution autour de l'axe passant par le centre de la sphère et constitue l'ensemble de deux hyperboloïdes conjugués. En effet, l'équation de cette surface est

$$A\,x^2 + A'\,y^2 + A''\,z^2 = \pm\,c,$$

dans laquelle A est positif, A' et A'' sont égaux entre eux et négatifs. Leurs valeurs s'obtiennent par la substitution de $x = r$, $y = 0$, $z = 0$ dans les formules précédentes,

qui donnent les résultats suivants : 1° pour $r = $ R ;
2° pour $r = $ R',

$$1° \qquad A = P, \qquad A' = A'' = -\frac{R^3 - \frac{1}{2}R'^3}{R'^3 - R^3}P ;$$

$$2° \qquad A = 0, \qquad A' = A'' = -\frac{\frac{3}{2}R^3}{R'^3 - R^3}P.$$

Nous connaissions d'avance les valeurs de $A$, puisque les conditions qui ont servi à déterminer les constantes arbitraires n'étaient autres que $A = P$, $A = 0$.

Pour vérifier les valeurs de $A'$, je coupe l'écorce sphérique par le plan d'un grand cercle. Soit $\varepsilon$ l'épaisseur très petite de la section annulaire. La valeur moyenne de la traction par unité de surface étant désignée par $A_1$, la traction totale appliquée normalement à la section annulaire peut donc être prise égale à $2\varpi A_1 \varepsilon \frac{R + R'}{2}$. Or elle est détruite par la résultante des pressions P que supporte la concavité d'un hémisphère, et cette résultante est la même que celle des pressions P appliquées normalement à l'aire d'un grand cercle $\varpi R^2$. On a donc

$$2\varpi A_1 \varepsilon \frac{R + R'}{2} = \varpi R^2 P.$$

d'où

$$A_1 = \frac{PR}{2\varepsilon}\frac{2R}{R + R'}.$$

Or, en mettant, dans les valeurs de $A'$ ci-dessus, $R + \varepsilon$ à la place de R et en négligeant les puissances de $\varepsilon$ supérieures à la première, on obtient

$$1° \quad A' = \frac{PR'}{2\varepsilon} \quad \text{et } 2° \quad A' = \frac{PR}{2\varepsilon}.$$

L'accroissement du rayon d'une tranche sphérique infiniment mince de l'écorce solide, donné par la formule $\delta r = r\varphi$, sera

$$(9) \qquad \delta r = \frac{\frac{P}{c}}{\frac{R'^3}{R^3} - 1}\left(\frac{R'^3}{4r^2} + \frac{r}{5}\right).$$

En faisant dans cette formule $r = R'$, on obtient le demi-accroissement du diamètre extérieur de la sphère creuse, qui est, par conséquent,

$$(10) \qquad 2\delta R = \frac{9}{10} R'\frac{\frac{P}{c}}{\frac{R'^3}{R^3} - 1}.$$

Si la pression était appliquée à la surface extérieure, l'action A serait nulle au point A et égale à P au point B. P désignant un nombre positif, puisque nous sommes ici dans le cas d'une pression et non d'une traction (*voir* le n° 79). Les constantes $c$ et $c'$ relatives à ce cas seraient données par les formules (8) dont on permuterait les seconds membres ou, ce qui revient au même, où l'on permuterait R et R'.

La contraction du diamètre extérieur de la sphère creuse est alors donnée par la formule

$$(11) \qquad 2\delta R' = -\frac{5 + 4\frac{R'^3}{R^3}}{10} R'\frac{\frac{P}{c}}{\frac{R'^3}{R^3} - 1}.$$

Ces formules (10) et (11) peuvent être facilement contrôlées par l'expérience. En faisant le vide dans une sphère creuse, puis en y introduisant de l'air comprimé, on obtiendra, par l'observation de la variation du diamètre, de nouvelles valeurs du coefficient $c$.

Lorsque $R'$ est très peu différent de $R$, ce qui aura lieu dans les expériences où l'on emploiera de préférence des vases sphériques de peu d'épaisseur, les formules (10) et (11) donnent des résultats de signe contraire presque égaux en valeur absolue.

# CHAPITRE VIII.

## TRAVAIL DES ACTIONS ÉLASTIQUES.
## THÉORÈME DE CLAPEYRON.

**92.** Le principe du travail des forces dont on fait un si grand usage en Mécanique s'énonce comme il suit :

Lorsque des forces sont appliquées à un système de points matériels en mouvement, l'accroissement du travail qu'elles produisent dans un temps donné est proportionnel à l'accroissement de la force vive du système dans le même temps.

Le travail en Mécanique est une quantité d'une espèce particulière dont la valeur numérique s'obtient en multipliant une force par une longueur. La force vive est aussi une quantité *sui generis* et le nombre qui la mesure s'obtient en multipliant une masse par le carré d'une vitesse. Or, si l'on calcule les deux nombres qui expriment les accroissements correspondants de travail et de force vive, le rapport constant de ces deux nombres est $\frac{1}{2}$, et la formule qui résume le principe du travail est

$$(1) \qquad \mathrm{P}x = \tfrac{1}{2} mc^2.$$

$\mathrm{P}x$ désignant l'accroissement du travail et $mc^2$ l'accroissement de force vive qui a lieu dans un système en mouvement dans un temps donné.

La définition des expressions *travail élémentaire* et *fore vive* ne peut présenter aucune obscurité, puisqu'elle consiste simplement à faire connaître les éléments qui entrent dans un produit de facteurs. Il n'en est pas de même de l'énoncé du principe du travail qu'on appelle aussi principe des *forces vives*. On y perd quelquefois de vue l'idée du temps, qui en est cependant inséparable; car les deux membres de la formule (1) sont toujours le résultat d'une sommation entre deux limites de temps déterminées, telles que $t_0$ et $t_1$ : ils sont donc fonction de ces limites. C'est pour ce motif que nous avons cru devoir commencer ce Chapitre en rappelant l'énoncé du travail et en le précisant.

**93.** Cela posé, nous allons appliquer aux équations (**23**) du mouvement (n° 87) le mode de transformation qui conduit à l'équation constituant le principe du travail ou des forces vives.

J'ajoute ces trois équations après les avoir multipliées respectivement par les projections du déplacement qui a lieu pendant le temps $dt$ pour le point M, dont les conditions d'équilibre ont fourni ces équations.

Ces trois projections sont

$$\frac{du}{dt}\,dt,\quad \frac{dv}{dt}\,dt,\quad \frac{dw}{dt}\,dt.$$

et le résultat est

$$\left[\left(\frac{dA}{dx}+\frac{dB''}{dy}+\frac{dB'}{dz}\right)\frac{du}{dt}+\left(\frac{dB''}{dx}+\frac{dA'}{dy}+\frac{dB}{dz}\right)\frac{dv}{dt}\right.$$
$$+\left(\frac{dB'}{dx}+\frac{dB}{dy}+\frac{dA''}{dz}\right)\frac{dw}{dt}-\rho\left(X_0\frac{du}{dt}+Y_0\frac{dv}{dt}+Z_0\frac{dw}{dt}\right)$$
$$\left.-\rho\left(\frac{d^2u}{dt^2}\frac{du}{dt}+\frac{d^2v}{dt^2}\frac{dv}{dt}+\frac{d^2w}{dt^2}\frac{dw}{dt}\right)\right]dt=0.$$

J'emploie les lettres $u$, $v$, $w$ avec un accent pour désigner les dérivées par rapport au temps $\frac{du}{dt}$, $\frac{dv}{dt}$, $\frac{dw}{dt}$. La dernière parenthèse de l'équation précédente, multipliée par le facteur $dt$, devient

$$u'\,du' + v'\,dv' + w'\,dw'.$$

En désignant par $V'$ la vitesse dont les trois composantes sont $u'$, $v'$, $w'$ et qui satisfait à l'équation

$$V'^2 = u'^2 + v'^2 + w'^2,$$

ce trinôme se réduit à $\frac{1}{2}\,dV'^2$.

Je rétablis, dans l'équation (2), le facteur $\omega = dx\,dy\,dz$, qui a été supprimé comme commun à tous les termes, pour obtenir les équations (2) du n° 74, et les quatre premières parenthèses représentent le travail pendant le temps $dt$ de la force appliquée au point M.

Or il existe au même moment une équation semblable pour tous les points matériels du milieu solide. La somme de toutes ces équations est une intégrale triple, telle que

$$\iiint F(x, y, z, t)\,dx\,dy\,dz\,dt.$$

dans laquelle $t$ et $dt$ sont des constantes, et qui est étendue à tout le solide. On ne pourrait effectuer cette intégration que si l'on donnait la forme de la fonction F. Mais, comme elle contient les dérivées de A, A', A'', B, B', B'', par rapport aux variables indépendantes $x$, $y$, $z$ relativement auxquelles doit s'opérer l'intégration, on peut les faire sortir du triple signe $\iiint$ pour les placer sous le double signe $\iint$.

94. L'intégrale définie triple, étendue au corps entier, est

$$(3) \begin{cases} \int\!\!\int\!\!\int \Bigg[ \left( \dfrac{dA}{dx} + \dfrac{dB''}{dy} + \dfrac{dB'}{dz} \right) u'\,dt \\ \quad - \left( \dfrac{dB''}{dx} + \dfrac{dA'}{dy} + \dfrac{dB}{dz} \right) v'\,dt \\ \quad + \left( \dfrac{dB'}{dx} + \dfrac{dB}{dy} + \dfrac{dA''}{dz} \right) w'\,dt \\ \quad - \rho( X_0 u'\,dt + Y_0 v'\,dt + Z_0 w'\,dt ) \Bigg] \\ \qquad \times dx\,dy\,dz - \int\!\!\int\!\!\int \rho \dfrac{dA'^2}{2}\,dx\,dy\,dz. \end{cases}$$

Le premier terme de cette somme est

$$\int\!\!\int\!\!\int \frac{dA}{dx} u'\,dt\,dx\,dy\,dz.$$

En effectuant une première intégration relativement à $x$, on obtient, à l'aide de l'intégration par partie,

$$\int_{x_1}^{x_2} \frac{dA}{dx} u'\,dx = ( A u' )_{x_1}^{x_2} - \int_{x_1}^{x_2} A \frac{du'}{dx}\,dx.$$

Les limites $x_1$ et $x_2$ sont les abscisses des deux points de la surface du solide dont les deux autres coordonnées sont $y$ et $z$. Nous admettrons quant à présent que cette surface est convexe de toute part. Employant les indices $1$ et $2$ pour désigner les valeurs de $A$ et de $u'$ relatives à ces limites, on a

$$(4) \qquad\qquad ( A u' )_1^2 = A_2 u'_2 - A_1 u'_1.$$

Substituant cette différence dans l'équation précédente et indiquant les deux autres intégrations par rapport à $y$ et $z$, il vient, en supprimant, pour simplifier les formules, l'indication des limites sous le signe $\int$, indication qui n'est pas indispensable.

$$(5) \begin{cases} \displaystyle\int\int\int\int \frac{d\mathrm{A}}{dx}\, u'\, dt\, dx\, dy\, dz \\ = \displaystyle\int\int (\mathrm{A}_2 u'_2 - \mathrm{A}_1 u'_1)\, dt\, dy\, dz - \int\int\int\int \mathrm{A}\frac{du'}{dx}\, dt\, dx\, dy\, dz. \end{cases}$$

Le prisme dont la section droite a pour côtés $dy$ et $dz$ est coupé par la surface du solide en deux points $M_1$ et $M_2$ suivant deux éléments $\omega_1$ et $\omega_2$ de cette surface.

Soient $\alpha_1$, $\beta_1$, $\gamma_1$, $\alpha_2$, $\beta_2$, $\gamma_2$ les cosinus des rayons normaux à ces éléments. Leurs signes sont déterminés sans ambiguïté, parce que nous supposons qu'ils se rapportent à celui des deux rayons normaux au même élément qui pénètre dans l'intérieur du solide.

95. Le rectangle $dy\, dz$ est la projection commune sur le plan $yz$ des éléments $\omega_1$ et $\omega_2$. En le considérant comme projection de $\omega_2$, qui fait avec le plan $yz$ un angle ayant pour cosinus $\alpha_2$, le produit $\alpha_2\omega_2$ représentera par sa valeur absolue l'aire $dy\, dz$. Afin de reconnaître quel est le signe qui doit accompagner ce produit, pour qu'il puisse être substitué à $dy\, dz$, je remarque que le solide est situé à gauche du plan tangent en $M_2$, qui contient l'élément $\omega_2$, la gauche étant le côté des $x$ négatifs.

Donc le rayon normal à $\omega_2$ fait un angle obtus avec la direction positive de l'axe des $x$, $\alpha_2$ est négatif, et, $\omega_2$ étant essentiellement positif, le produit $\alpha_2\omega_2$ est négatif.

Il faut remarquer encore que, dans l'intégrale double qui entre dans l'équation (5), le produit $dy\, dz$ est aussi un élément superficiel essentiellement positif; car, pour effectuer cette intégrale, il faut partager en éléments superficiels quelconques, égaux ou inégaux, l'aire de la projection du solide sur le plan $yz$, multiplier chaque élément pris positivement par la fonction $\mathrm{A}_2 u'_2 - \mathrm{A}_1 u'_1$ des coordonnées de son centre et faire la somme des produits. Il en résulte que l'on doit écrire

$$dy\,dz = -\,\alpha_2\,\omega_2.$$

On verrait de même que l'on doit écrire

$$dy\,dz = -\,\alpha_1\,\omega_1.$$

96. On mettra la première valeur de $dy\,dz$ dans le premier terme de l'intégrale double, la seconde dans le second, et l'on aura

$$\int\!\!\int (\mathrm{A}_2 u'_2 - \mathrm{A}_1 u'_1)\,dt\,dy\,dz = -\,dt\int\!\!\int (\mathrm{A}_2 u'_2\,\alpha_2\,\omega_2 + \mathrm{A}_1 u'_1\,\alpha_1\,\omega_1).$$

L'intégrale double du second membre indique une somme de binômes étendue à la surface entière de la projection du solide sur le plan $yz$, et cette somme est évidemment la même que celle du monôme $\mathrm{A}u'\alpha\omega$, étendue à la surface entière du solide lui-même.

L'intégrale double du second membre de l'égalité (5) est donc égale à

$$-\,dt\int\!\!\int \mathrm{A}u'\alpha\omega.$$

Le deuxième terme du premier membre de l'équation (3) avec tous les facteurs qui lui appartiennent ne diffère du premier que par le changement de $\mathrm{A}$ en $\mathrm{B}''$ et par la permutation de $x$ et $y$.

En lui appliquant la même transformation, on obtiendra l'égalité suivante :

$$(6)\quad \left\{ \begin{aligned} &\int\!\!\int\!\!\int \frac{d\mathrm{B}'}{dy}\,u'\,dt\,dx\,dy\,dz \\ &\quad = -\,dt\int\!\!\int \mathrm{B}''u'\mathrm{B}\omega - \int\!\!\int\!\!\int \mathrm{B}''\frac{du'}{dy}\,dt\,dx\,dy\,dz. \end{aligned} \right.$$

Le troisième terme donnera

$$(7) \quad \begin{cases} \displaystyle\int\int\int \frac{dB'}{dz} u'\, dt\, dx\, dy\, dz \\[2mm] = -dt \displaystyle\int\int B' u' \gamma \omega - \int\int\int B' \frac{du'}{dz}\, dt\, dx\, dy\, dz. \end{cases}$$

La somme des premiers termes des seconds membres (5), (6), (7) contiendra comme facteurs le trinôme $A\alpha + B''\beta + B'\gamma$, qui n'est autre que la composante X de l'action du rayon intérieur normal à l'élément $\omega$ [n° 75, formule (4)].

Cette somme sera donc

$$-\int\int X u'\, \omega.$$

La deuxième parenthèse de (3) ayant $v'$ pour facteur donnera, par une transformation semblable, une intégrale double égale à

$$-\int\int Y v'\, \omega.$$

La troisième parenthèse donnera de même

$$-\int\int Z w'\, \omega.$$

97. La somme des intégrales triples des seconds membres des égalités (5), (6), (7) est d'ailleurs

$$-\int\int\int \left( A \frac{du'}{dx} + B'' \frac{du'}{dy} + B' \frac{du'}{dz} \right) dt\, dx\, dy\, dz.$$

Deux sommes analogues, dont on voit aisément la composition, sont fournies par les deuxième et troisième parenthèses de (3).

L'équation différentielle par rapport au temps des forces vives étendue au solide entier est donc

$$
(8)\quad \left\{
\begin{aligned}
&-\int\int(\mathrm{X}u'+\mathrm{Y}v'+\mathrm{Z}w')\omega\,dt\\
&-\int\int\int\Big(\mathrm{A}\frac{du'}{dx}+\mathrm{B}''\frac{du'}{dy}+\mathrm{B}'\frac{du'}{dz}+\mathrm{B}''\frac{dv'}{dx}+\mathrm{A}'\frac{dv'}{dy}\\
&\qquad\qquad+\mathrm{B}\frac{dv'}{dz}+\mathrm{B}'\frac{dw'}{dx}+\mathrm{B}\frac{dw'}{dy}+\mathrm{A}''\frac{dw'}{dz}\Big)dt\,dx\,dy\,dz\\
&+\int\int\int\rho(\mathrm{X}_0u'+\mathrm{Y}_0v'+\mathrm{Z}_0w')\,dt\,dx\,dy\,dz\\
&\quad=\int\int\int\rho\frac{d\mathrm{V}'^2}{2}\,dx\,dy\,dz.
\end{aligned}\right.
$$

Je suppose que le déplacement moléculaire U dont les projections sur les axes sont $u$, $v$, $w$ s'effectue suivant la ligne droite qui joint les deux positions initiale et finale d'une molécule. Soient $u_1$, $v_1$, $w_1$ les projections du déplacement final d'un point quelconque M; $u$, $v$, $w$ celles du déplacement qui a lieu après le temps $t$; on aurait

$$
(9)\quad \left\{
\begin{aligned}
u &= au_1,\\
v &= av_1,\\
w &= aw_1,
\end{aligned}\right.
$$

$a$ étant une fonction du temps variant de 0 à 1; $u_1$, $v_1$, $w_1$ des fonctions des coordonnées $x$, $y$, $z$ du point M indépendantes du temps $t$. L'action finale du rayon $(\alpha, \beta, \gamma)$ ayant pour composantes $\mathrm{X}_1$, $\mathrm{Y}_1$, $\mathrm{Z}_1$, l'action de ce même rayon, au bout du temps $t$, aura pour composantes

$$
(10)\quad \left\{
\begin{aligned}
\mathrm{X} &= a\mathrm{X}_1,\\
\mathrm{Y} &= a\mathrm{Y}_1,\\
\mathrm{Z} &= a\mathrm{Z}_1,
\end{aligned}\right.
$$

ainsi que cela résulte du système des équations (4), n° 75,

et $(22)$, nº **87**, dans lesquelles on fera successivement

$$u = u_1, \quad v = v_1, \quad w = w_1$$

et

$$u = au_1, \quad v = av_1, \quad w = aw_1.$$

Le facteur $a$ étant indépendant des coordonnées, la deuxième substitution aura pour effet de multiplier toutes les dérivées partielles $\dfrac{du'}{dx}$, $\dfrac{dv'}{dy}$, $\cdots$ par ce facteur.

Le trinôme de l'intégrale double de l'équation (8) est le travail effectué par l'action de l'élément $\omega$ pendant le temps $dt$, puisque $u'dt$, $v'dt$, $w'dt$ sont les projections du chemin parcouru par le point M dans ce temps, et $X\omega$, $Y\omega$, $Z\omega$ les projections de cette action. Remplaçant dans ce trinôme X, Y, Z par les valeurs (10) et les projections du déplacement par leurs valeurs obtenues en différentiant les formules (9) par rapport à $t$, l'intégrale devient

$$-\int\int (X_1 u_1 + Y_1 v_1 + Z_1 w_1) a\, da\, \omega.$$

Elle peut s'intégrer par rapport à $t$, qui n'entre pas ailleurs que dans $a$ et $da$, et, en prenant pour limites les valeurs de $t$ qui correspondent aux deux positions initiale et finale, et aux valeurs $a_0 = 0$ et $a_1 = 1$, on obtient

$$\int_{a_0}^{a_1} a\, da = \tfrac{1}{2}.$$

L'intégrale double de l'équation (8) intégrée par rapport à $t$ représente le travail effectué entre les instants, initial et final, par les forces appliquées à la surface extérieure du solide. Donc ce travail est la moitié de

$$\int\int \omega (X_1 u_1 + Y_1 v_1 + Z_1 w_1)$$

lorsque les déplacements des molécules se sont effectués en ligne droite, mais cela n'a lieu que pour ce cas tout à fait exceptionnel.

Dans tous les cas, l'équation (8) exprime que ce travail peut s'obtenir aussi en retranchant du second membre les deux intégrales triples du premier et en intégrant le résultat par rapport à $t$ de $t_0$ à $t_1$.

98. Lamé, dans ses *Leçons sur la théorie mathématique de l'élasticité*, a formé une équation qu'il considère comme une application du principe du travail ou des forces vives, et qu'il a présentée comme constituant le théorème de Clapeyron (*voir* p. 80 de ce Traité).

Le calcul de transformation, que nous avons appliqué aux équations du mouvement est le même que celui que Lamé a appliqué aux trois équations de l'équilibre qui n'en diffèrent que par l'absence du dernier terme relatif à l'accélération reçue par le point matériel M, ainsi que par l'absence de l'avant-dernier terme relatif à l'accélération imprimée par les forces extérieures et que Lamé suppose négligeables par rapport aux actions élastiques, ce qui a lieu effectivement dans la plupart des cas.

Il ajoute ces trois équations de l'équilibre après les avoir multipliées respectivement par $u$, $v$, $w$, au lieu de $du$, $dv$, $dw$, ce qui ne serait permis que si les rapports $\dfrac{du}{u}$, $\dfrac{dv}{v}$, $\dfrac{dw}{w}$ étaient égaux entre eux, c'est-à-dire si les molécules s'étaient déplacées en ligne droite.

Il intègre ensuite dans toute l'étendue du corps solide, après avoir rétabli le facteur $dx\,dy\,dz$. Il applique l'intégration par partie, pour faire sortir de l'intégrale triple les dérivées $\dfrac{dA}{dx}$, … et en former une intégrale double identique à celle de notre équation (8) intégrée par rapport à $t$

et multipliée par 2. Cette intégrale double est égale, par conséquent, au double du travail effectué entre l'état initial et final par les forces appliquées à la surface extérieure du solide. Il est donc en droit d'en conclure, dans le cas où les déplacements des molécules s'effectuent en ligne droite, que le second membre de son équation (2), page 81, est une autre expression de ce double travail, puisque cette équation est une conséquence des équations (1) et qu'elle est par conséquent satisfaite par les mêmes formes de fonctions $N_1$, $N_2$, ..., qui sont nos fonctions A, A', ....

Mais, après avoir remplacé dans ce second membre les dérivées $\dfrac{du}{dx}$, ... en fonction des composantes A, A' des actions des trois rayons coordonnés et avoir obtenu l'expression

$$\int\int\int \left( \mathrm{EF}^2 - \frac{G}{\mu} \right) dx\, dy\, dz.$$

dans laquelle le binôme entre parenthèses est une fonction des trois actions principales, dont la forme est indépendante de la position des axes des coordonnées, il donne une signification au produit de cette parenthèse par le volume $dx\, dy\, dz$, en disant qu'il représente le double du travail intérieur de l'élément du volume $\omega = dx\, dy\, dz$. Or, on ne voit pas le rapport qui peut exister entre l'idée du travail dont nous avons rappelé la définition au commencement de ce Chapitre et ce que Lamé appelle le travail intérieur d'un élément de volume.

Il n'était donc pas inutile de préciser, comme nous l'avons fait, la signification du mot *travail*, qui doit toujours être inséparable de l'idée de temps et de mouvement.

Les applications que Lamé fait de son équation (6) dans les n°s 33 et 34 consistent à calculer les valeurs du second membre correspondant à deux cas particuliers, où la forme des fonctions $u$, $v$, $w$ est donnée.

Or il aurait obtenu les mêmes résultats en calculant directement les valeurs du premier membre.

Nous n'insisterons pas davantage pour faire voir que la formule qui, d'après Lamé, constitue le théorème de Clapeyron, ne présente pas d'intérêt; qu'elle n'est ni une extension, ni une transformation du principe des forces vives. Elle est simplement une conséquence des trois équations indéfinies de l'équilibre statique, et pourrait par conséquent être substituée à l'une d'elles pour former avec les deux autres un système équivalent.

Mais on n'aperçoit pas l'avantage de cette substitution au point de vue de la solution du problème qui consiste à découvrir d'abord les intégrales générales des équations indéfinies, puis à déterminer les fonctions arbitraires à l'aide des conditions particulières de l'énoncé.

Le principe du travail n'est fécond que parce que l'équation des forces vives qui le constitue est intégrable dans un très grand nombre de cas.

# CHAPITRE IX.

## VALEURS DES COMPOSANTES A, A′, A″, B. B′. B″ DANS LES MILIEUX CRISTALLISÉS.

99. Nous définirons un milieu cristallisé, celui dans lequel le rapport qui existe entre la dilatation $\dfrac{\delta\,ds}{ds}$, et la force $f$, formule (16), n° 82, présente trois valeurs particulières $c$, $c'$, $c''$ suivant trois directions rectangulaires fixes. Sur ces trois valeurs, il y en a toujours au moins deux de différentes, car, si elles étaient toutes les trois égales, le milieu ne différerait pas d'un milieu homogène.

Dans un tel milieu, les axes des coordonnées seront toujours pris parallèlement à ces trois directions fixes dans le cristal et appelées pour cette raison *axes du cristal*.

Or je dis que, pour obtenir les six composantes A, A′, …, il suffira de remplacer la constante $m$, n° 82, par $m x^2 + m' y^2 + m'' z^2$ dans les formules (20), n° 83, modifiées comme il est indiqué n° 84. Les coefficients $m$, $m'$, $m''$ étant proportionnels aux élasticités du cristal suivant ses trois axes, c'est-à-dire aux forces $f$, $f'$, $f''$ développées suivant ces trois axes pour une même valeur de la dilatation $\dfrac{\delta\,ds}{ds}$. En effet, pour connaître la mesure de l'élasticité du cristal dans une direction quelconque $(a, b, c)$, il est naturel d'admettre que les coefficients $m$, $m'$, $m''$ mesurent précisément les trois valeurs inégales de l'écart normal des molécules suivant les trois axes, dans l'état naturel du solide, inégalité qui caractérise le milieu cristallisé. Mais nous avons vu (n° 80) que la surface indicatrice des dilatations ou contractions existant autour d'un point M, lorsqu'on la rapporte à trois axes coordonnés rectangulaires suivant lesquels il existe trois écarts normaux $m = \frac{du}{dx}$, $m' = \frac{dv}{dy}$, $m'' = \frac{dw}{dz}$ et des écarts tangentiels nuls, avait pour équation

$$m x^2 + m'' y^2 + m' z^2 = C,$$

de plus qu'un demi-diamètre $\rho$ représentait l'écart produit suivant sa direction $(a, b, c)$, parce qu'il satisfaisait à la relation

$$\frac{\partial\, ds}{ds} = \frac{c}{\rho^2}.$$

Il suit de là que l'écart $\frac{\partial\, ds}{ds}$ qui mesure l'élasticité du cristal dans la direction du rayon $\rho$ est donné par la formule

$$\frac{\partial\, ds}{ds} = m a^2 + m' b^2 + m'' c^2,$$

car cette formule et la précédente deviennent identiques quand on remplace dans la dernière $\frac{\partial\, ds}{ds}$ par $\frac{c}{\rho^2}$, qu'on multiplie tous les termes par $\rho$ et qu'on remplace $a\rho$, $b\rho$, $c\rho$ par $x$, $y$, $z$.

**100.** Ainsi l'élasticité du cristal dans la direction du rayon $\rho$ faisant avec les axes des coordonnées les cosinus $a$, $b$, $c$ est donnée par la formule

$$m a^2 + m' b^2 + m'' c^2,$$

lorsque l'élasticité suivant les trois axes du cristal est mesurée par les coefficients $m$, $m'$, $m''$.

Dans les formules (20), les variables $x$, $y$, $z$ représentent les coordonnées de la sphère de rayon égal à l'unité ; il faut donc remplacer, dans ces formules, $m$ par $m x^2 + m' y^2 + m'' z^2$, pour obtenir les valeurs des composantes $A$, $A'$, $A''$, $B$, $B'$, $B''$ qui conviennent à un cristal rapporté à ses axes comme axes des coordonnées.

Les calculs d'intégration, entièrement analogues à ceux des $n^{os}$ 83 et suivants, conduisent aux formules

$$A = -\left[ 3(e' + e'' - e)\frac{du}{dx} + e''\frac{dv}{dy} + e'\frac{dw}{dz} \right],$$

$$A' = -\left[ e''\frac{du}{dx} + 3(e + e'' - e')\frac{dv}{dy} + e\frac{dw}{dz} \right],$$

$$A'' = -\left[ e'\frac{du}{dx} + e\frac{dv}{dy} + (e + e' - e'')\frac{dw}{dz} \right];$$

$$B = -e\left( \frac{dv}{dz} + \frac{dw}{dy} \right),$$

$$B' = -e'\left( \frac{dw}{dx} + \frac{du}{dz} \right),$$

$$B'' = -e''\left( \frac{du}{dy} + \frac{dv}{dx} \right),$$

dans lesquelles les trois coefficients $e$, $e'$, $e''$ sont liés à $m$, $m'$, $m''$ et au rayon d'activité $r$ par les égalités

$$e = \tfrac{2}{105}\varpi\, r^2 (m + 3 m' + 3 m''),$$

$$e' = \tfrac{2}{105}\varpi\, r^2 (3 m + m' + 3 m''),$$

$$e'' = \tfrac{2}{105}\varpi\, r^2 (3 m + 3 m' + m'').$$

En se reportant à la fin du $n^o$ 90, on reconnaîtra aisément que les coefficients $e$, $e'$, $e''$ ne sont autre chose que les coefficients d'élasticité de torsion que l'on obtiendrait en tordant le cristal successivement autour de chacun de ses axes.

FIN.

# TABLE DES MATIÈRES.

# CHAPITRE VIII.

### TRAVAIL DES ACTIONS ÉLASTIQUES DANS UN MILIEU SOLIDE. FORMULE DE CLAPEYRON.

# CHAPITRE IX.

## MILIEUX CRISTALLISÉS.